肉鸽高效养殖技术一本通

何艳丽　主编

李　生　副主编

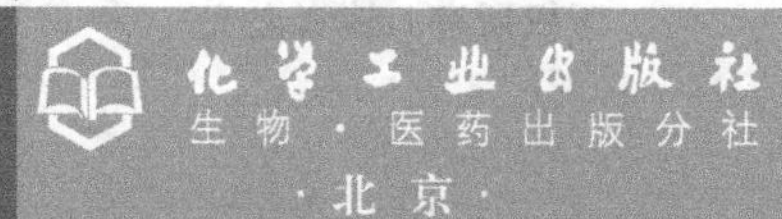

我国自古就有“一鸽胜九鸡”的说法。随着人们生活水平的提高，肉鸽的消费量将呈持续增长的趋势，尤其是近年来，随着肉鸽深加工技术的进一步成熟，产品类别日渐丰富。目前国外的优良肉鸽品种有近10种，我国在国外肉鸽品种的基础上经杂交改良培育的品种又有5～7个。同一品种又分为乳鸽、青年鸽和产鸽等不同的生长、生理阶段，不同的品种、品系及不同的生长、生理阶段的肉鸽所需的营养各不相同。如何充分发挥每个生产周期的生产性能，让鸽子长得快、不生病而且投入少，是每个肉鸽养殖从业者应当首先掌握的养殖技巧。

本书主要介绍了肉鸽的营养与饲料、肉鸽的繁殖、肉鸽的饲养管理、肉鸽的疾病防治技术、肉鸽的产品加工等内容。主要目的是普及和推广肉鸽科学养殖技术，发展肉鸽养殖业，指导肉鸽生产。

本书适合肉鸽养殖场技术人员、个体经营者及相关专业院校师生阅读参考，也可供广大养鸽爱好者参考。

图书在版编目（CIP）数据

肉鸽高效养殖技术一本通/何艳丽主编．—北京：化学工业出版社，2010.5（2025.2重印）
（农村书屋系列）
ISBN 978-7-122-07855-1

Ⅰ．肉…　Ⅱ．何…　Ⅲ．肉用型-鸽-饲养管理
Ⅳ．S836.4

中国版本图书馆CIP数据核字（2010）第033961号

责任编辑：邵桂林　　文字编辑：焦欣渝
责任校对：宋　夏　　装帧设计：关　飞

出版发行：化学工业出版社　生物·医药出版分社
（北京市东城区青年湖南街13号　邮政编码100011）
印　　装：北京科印技术咨询服务有限公司数码印刷分部
850mm×1168mm　1/32　印张6　字数144千字
2025年2月北京第1版第24次印刷

购书咨询：010-64518888　　售后服务：010-64518899
网　　址：http://www.cip.com.cn
凡购买本书，如有缺损质量问题，本社销售中心负责调换。

定　　价：25.00元　

编写人员名单

主　编　何艳丽

副主编　李　生

编　者　何艳丽　李　生　李志鹏　金春爱
孙　瑶　金美伶　王海波

主　审　王　峰

出版者的话

党的十七大报告明确指出："解决好农业、农村、农民问题，事关全面建设小康社会大局，必须始终作为全党工作的重中之重。"十七大的成功召开，为新农村发展绘就了宏伟蓝图，并提出了建设社会主义新农村的重大历史任务。

建设一个经济繁荣、社会稳定、文明富裕的社会主义新农村，要靠改革开放，要靠党的方针政策。同时，也取决于科学技术的进步和科技成果的广泛运用，并取决于劳动者全员素质的提高。多年的实践表明，要进一步发展农村经济建设，提高农业生产力水平，使农民脱贫致富奔小康，必须走依靠科技进步之路，从传统农业开发、生产和经营模式向现代高科技农业开发、生产和经营模式转化，逐步实现农业科技革命。

化学工业出版社长期以来致力于农业科技图书的出版工作。为积极响应和贯彻党的十七大的发展战略、进一步落实新农村建设的方针政策，化学工业出版社邀请我国农业战线上的众多知名专家、一线技术人员精心打造了大型服务"三农"系列图书——《农村书屋系列》。

《农村书屋系列》的特色之一——范围广，涉及100多个子项目。以介绍畜禽高效养殖技术、特种经济动物高效养殖技术、兽医技术、水产养殖技术、经济作物栽培、蔬菜栽培、农资生产与利用、农村能源利用、农村老百姓健康等符合农村经济及社会生活发展趋势的题材为主要内容。

《农村书屋系列》的特色之二——技术性强，读者基础宽。以突出强调实用性为特色，以传播农村致富技术为主要目标，直接面向农村、农业基层，以农业基层技术人员、农村专业种

养殖户为主要读者对象。本着让农民买得起、看得会、用得上的原则，使广大读者能够从中受益，进而成为广大农业技术人员的好帮手。

《农村书屋系列》的特色之三——编著人员阵容强大。数百位编著人员不仅有来自农业院校的知名专家、教授，更多的是来自在农业基层实践、锻炼多年的一线技术人员，他们均具有丰富的知识和经验，从而保证了本系列图书的内容能够紧紧贴近农业、农村、农民的实际。

科学技术是第一生产力。我们推出《农村书屋系列》一方面是为了更好地服务农业和广大农业技术人员、为建设社会主义新农村尽一点绵薄之力，另一方面也希望它能够为广大一线农业技术人员提供一个广阔的便捷的传播农业科技知识的平台，为充实和发展《农村书屋系列》提供帮助和指点，使之以更丰富的内容回馈农业事业的发展。

谨向所有关心和热爱农业事业，为农业事业的发展殚精竭虑的人们致以崇高的敬意！衷心祝愿我国的农业事业的发展根深叶茂，欣欣向荣！

化学工业出版社

前　言

我国自古就有“一鸽胜九鸡”的说法，乳鸽不仅肉嫩味美，而且具有较高的药用滋补价值。随着人们生活水平的提高，肉鸽的消费量将呈持续增长的趋势。尤其是近年来，随着肉鸽深加工技术的进一步成熟，产品类别日渐丰富。过去肉鸽产品的消费市场主要集中在上海、北京、香港等大城市，近年来中小城市的消费市场也稳步增长。尤其是随着饲料价格的上涨，鸡、猪等肉食品价格上扬，缩小了肉鸽与这些畜禽产品之间的价格差，从而扩大了肉鸽的消费量，使其成为普通百姓的餐桌美食。随着肉鸽养殖产业的不断升级，肉鸽产品研发也展现出独特魅力，丰厚的回报吸引着越来越多的投资者涉足肉鸽行业。

目前国外的优良肉鸽品种有近10种，我国在国外肉鸽品种的基础上经杂交改良培育的品种又有5～7个。同一品种又分为乳鸽、青年鸽和产鸽等不同的生长、生理阶段，不同的品种、品系及不同的生长、生理阶段的肉鸽所需的营养各不相同。如何充分发挥每个生产周期的生产性能，让鸽子长得快、不生病而且投入少，是每个肉鸽养殖从业者应当首先掌握的养殖技巧。我们编写本书，旨在普及和推广肉鸽科学养殖技术，发展肉鸽养殖业，指导肉鸽生产。

本书在编写过程中得到了很多肉鸽养殖爱好者的支持，在此一并表示感谢。

由于水平有限，书中难免存在不妥之处，敬请读者批评指正。

编著者

2010年1月

目录

第一章　绪论 …… 1
一、肉鸽养殖业概况 …… 1
二、我国饲养肉鸽的有利因素 …… 2
三、我国肉鸽养殖业存在的问题和解决方法 …… 3
第二章　认识肉鸽 …… 5
第一节　肉鸽的习性 …… 5
一、配偶特性 …… 5
二、筑巢恋巢特性 …… 5
三、群居性 …… 6
四、占区与啄斗 …… 6
五、喜欢洗浴 …… 6
六、食性广杂 …… 7
七、记忆力强 …… 7
八、警惕性高 …… 7
九、适应性强 …… 8
第二节　肉鸽的品种 …… 8
一、国外主要肉鸽品种 …… 8
二、国内主要肉鸽品种 …… 11
第三节　肉鸽的营养价值和经济价值 …… 13
一、鸽肉的营养价值 …… 13
二、肉鸽的经济价值 …… 14
第三章　鸽舍与常用的养鸽用具 …… 15
第一节　肉鸽场的选址与布局 …… 15
一、场地的选择 …… 15
二、肉鸽场场地布局 …… 16
第二节　鸽舍的种类与设计 …… 16

一、鸽舍的种类 …………………………………………… 16
二、鸽舍的设计 …………………………………………… 17
第三节 常用的养鸽用具 ………………………………… 20
一、巢箱或巢笼 …………………………………………… 20
二、其他常用用具 ………………………………………… 23
第四章 肉鸽的营养与饲料 …………………………… 28
第一节 肉鸽的营养需要 ………………………………… 28
一、水 ……………………………………………………… 28
二、蛋白质 ………………………………………………… 28
三、碳水化合物 …………………………………………… 29
四、脂肪 …………………………………………………… 30
五、矿物质 ………………………………………………… 30
六、维生素 ………………………………………………… 30
第二节 肉鸽的常用饲料 ………………………………… 33
一、能量饲料 ……………………………………………… 33
二、蛋白质饲料 …………………………………………… 35
三、青绿饲料 ……………………………………………… 37
四、矿物质饲料 …………………………………………… 37
五、饲料添加剂 …………………………………………… 37
第三节 肉鸽的日粮配合 ………………………………… 38
一、肉鸽的饲养标准 ……………………………………… 38
二、日粮配合的原则 ……………………………………… 39
三、日粮配合方法 ………………………………………… 40
四、日粮配合实例 ………………………………………… 40
五、肉鸽采食量 …………………………………………… 41
六、肉鸽颗粒饲料 ………………………………………… 41
第四节 保健砂的配制 …………………………………… 43
一、保健砂的常用原料 …………………………………… 43
二、保健砂的配制 ………………………………………… 44
三、保健砂配制举例 ……………………………………… 44
四、使用保健砂的注意事项 ……………………………… 45

第五章　肉鸽的繁殖 …………………………………… 46
第一节　鸽的选种 …………………………………… 46
一、繁殖力 …………………………………… 46
二、驯顺 …………………………………… 46
三、性成熟 …………………………………… 47
四、秋季不停产 …………………………………… 47
五、寿命和抗病力 …………………………………… 47
六、胚胎成活率 …………………………………… 47
七、育雏好 …………………………………… 47
八、利用年限 …………………………………… 48
第二节　鸽的选配 …………………………………… 48
一、品质选配 …………………………………… 48
二、亲缘选配 …………………………………… 49
三、年龄选配 …………………………………… 50
第三节　肉鸽的繁殖技术 …………………………………… 50
一、肉鸽的繁殖周期 …………………………………… 50
二、繁殖前的准备 …………………………………… 50
三、繁殖年限 …………………………………… 54
四、繁殖行为 …………………………………… 54
五、肉鸽繁殖时的注意事项 …………………………………… 56
六、保姆鸽的选择和使用 …………………………………… 58
第六章　肉鸽的饲养管理 …………………………………… 60
第一节　常规饲养管理 …………………………………… 60
一、肉鸽饲养阶段的划分 …………………………………… 60
二、饲养管理的一般原则 …………………………………… 60
第二节　乳鸽的哺育 …………………………………… 62
一、乳鸽的生长发育特点 …………………………………… 63
二、乳鸽的自然育雏 …………………………………… 63
三、乳鸽的人工育雏 …………………………………… 66
四、乳鸽的后期人工肥育技术 …………………………………… 69
五、乳鸽的上市时间 …………………………………… 72

第三节　童鸽的饲养管理 …… 72
一、饲养环境 …… 72
二、饲料要求 …… 73
三、童鸽的管理 …… 74
第四节　青年鸽的饲养管理 …… 75
一、环境要求 …… 75
二、饲料要求 …… 76
三、青年鸽的管理 …… 76
四、青年鸽的保健 …… 77
第五节　种鸽的饲养管理 …… 77
一、种鸽的生理特点 …… 78
二、种鸽的饲养方式 …… 78
三、配对期的饲养管理 …… 79
四、孵化期的饲养管理 …… 81
五、育雏期的饲养管理 …… 83
六、换羽期的饲养管理 …… 85
第七章　肉鸽的疾病防治技术 …… 87
第一节　鸽病的预防与控制 …… 87
一、肉鸽场的卫生防疫原则 …… 87
二、肉鸽的尸体和粪便的处理 …… 90
第二节　肉鸽疾病的发病原因及诊断方法 …… 91
一、肉鸽的传染性疾病 …… 91
二、肉鸽的非传染性疾病 …… 94
三、肉鸽疾病的诊断方法 …… 94
四、肉鸽病史的调查内容 …… 95
五、肉鸽的病理学诊断 …… 99
六、肉鸽病理组织学的检查程序 …… 101
七、实验室检查 …… 102
第三节　肉鸽疾病的综合防治措施 …… 103
一、肉鸽疾病预防的基本措施 …… 103
二、疫苗的使用原则 …… 103

三、肉鸽免疫接种的方法和途径 …………………………… 104
四、提高肉鸽场综合抗病能力的措施 ……………………… 106
五、肉鸽场常用的消毒药物 ………………………………… 107
六、鸽群发生传染性疾病应采取的措施 …………………… 109
七、肉鸽疾病治疗的基本原则和方法 ……………………… 110
八、肉鸽的常用治疗药物及使用方法 ……………………… 112
第四节　肉鸽常见传染病及其防治 ……………………………… 117
一、鸽Ⅰ型副黏病毒病 ……………………………………… 117
二、鸽痘 ……………………………………………………… 119
三、鸽疱疹病毒感染症 ……………………………………… 121
四、鸽流感 …………………………………………………… 123
五、鸟疫（鸽衣原体病） …………………………………… 125
六、马立克病 ………………………………………………… 128
七、禽霍乱（鸽巴氏杆菌病） ……………………………… 129
八、禽结核病 ………………………………………………… 132
九、禽伤寒 …………………………………………………… 134
十、鸽副伤寒 ………………………………………………… 137
十一、链球菌病 ……………………………………………… 139
十二、曲霉菌病 ……………………………………………… 140
十三、鸽黄癣 ………………………………………………… 142
第五节　肉鸽的常见寄生虫病及其防治 ………………………… 143
一、肉鸽球虫病 ……………………………………………… 143
二、鸽毛滴虫病 ……………………………………………… 145
三、肉鸽蛔虫病 ……………………………………………… 147
四、肉鸽血变原虫病 ………………………………………… 148
第六节　肉鸽的一般性病症及其防治 …………………………… 149
一、肉鸽胃肠炎 ……………………………………………… 149
二、肉鸽嗉囊积食 …………………………………………… 150
三、便秘 ……………………………………………………… 151
四、眼疾 ……………………………………………………… 152
五、外伤 ……………………………………………………… 153

六、难产 …………………………………………………… 154
七、体表寄生虫病 …………………………………………… 154
八、中毒性疾病 ……………………………………………… 156
九、维生素A缺乏症 ………………………………………… 159
十、维生素 B_1 缺乏症 ……………………………………… 160
十一、维生素 B_2 缺乏症 …………………………………… 160
十二、维生素D缺乏症 ……………………………………… 161
第八章　肉鸽的产品加工 ……………………………………… 163
第一节　乳鸽的屠宰 ……………………………………… 163
一、屠宰日龄 ……………………………………………… 163
二、乳鸽的屠宰方法 ……………………………………… 163
三、拔毛 …………………………………………………… 164
四、包装整形 ……………………………………………… 164
五、贮藏 …………………………………………………… 165
六、乳鸽的收购标准 ……………………………………… 165
第二节　肉鸽的产品深加工 ……………………………… 166
一、酱香乳鸽 ……………………………………………… 166
二、麻辣乳鸽 ……………………………………………… 167
第三节　肉鸽的几种家常烹饪方法 ……………………… 169
一、炸乳鸽 ………………………………………………… 169
二、油焖乳鸽 ……………………………………………… 170
三、脆皮乳鸽 ……………………………………………… 170
四、贵妃乳鸽 ……………………………………………… 170
五、焗乳鸽 ………………………………………………… 171
六、清蒸乳鸽 ……………………………………………… 171
七、三煲乳鸽 ……………………………………………… 171
八、红烧乳鸽 ……………………………………………… 171
九、五味乳鸽 ……………………………………………… 172
十、柠檬乳鸽 ……………………………………………… 172
十一、枸杞蒸鸽 …………………………………………… 172
十二、炸鸽肉球 …………………………………………… 172

十三、青椒炒鸽丝 …………………………………………………… 173
十四、滑嫩鸽肉 ………………………………………………………… 173
十五、当归乳鸽 ………………………………………………………… 173
十六、鹿茸鸽汤 ………………………………………………………… 174
十七、人参蒸鸽 ………………………………………………………… 174
十八、冬虫夏草炖鸽 …………………………………………………… 174
十九、枸杞鸽 …………………………………………………………… 174
二十、淮杞炖鸽 ………………………………………………………… 174
二十一、炖蚌鸽 ………………………………………………………… 175
二十二、油酥鸽 ………………………………………………………… 175
二十三、粉蒸鸽 ………………………………………………………… 175
二十四、五香油鸽 ……………………………………………………… 175
二十五、糯米扣鸽 ……………………………………………………… 176
二十六、酱鸽 …………………………………………………………… 176
二十七、卤水乳鸽 ……………………………………………………… 176
二十八、醉乳鸽 ………………………………………………………… 177
参考文献 ………………………………………………………………… 178

第一章 绪 论

鸽子又称家鸽，在动物学分类上属于脊索动物门、鸟纲、鸽形目、鸠鸽科、鸽属，是由野生的原鸽经过人类长期驯养而成。目前较为突出的肉鸽品种大约有 20 几种，是家鸽中体型最大的一个类型，专门用于给人们提供品质优良的肉食品。

一、肉鸽养殖业概况

肉鸽饲养作为家禽业的新宠，伴随着我国改革开放政策而诞生，随着中国香港、东南亚乳鸽市场大量需求而日渐兴起。20 世纪 70 年代末、80 年代初，上海、广东等地率先引进和发展肉鸽养殖业。1986 年以后逐渐由南向北发展，至 80 年代末、90 年代初，受倒种炒种等不法行为的影响，我国的肉鸽饲养业一度陷入低谷。1994 年我国颁布了《种畜禽管理条例》，将肉鸽列入家禽行列。从而规范了种源市场，加强了行业引导，使我国的肉鸽养殖业逐渐步入正轨。

据不完全统计，目前我国注册登记的大型鸽场已达 700 多家，年种鸽饲养量超过 250 万对。全国年乳鸽生产量已突破 5000 万只。乳鸽肉质细嫩鲜美，具有较高的营养价值和药用价值。素有“一鸽赛九鸡，无鸽不成席”的美誉。过去生产乳鸽全部由外贸出口，国内只有高档饭店才消费得起。现在乳鸽已进入普通家庭。据市场最新信息，港澳地区每年乳鸽的消费量近 300 万只，广州、深圳市场乳鸽消费量已超过 300 万只，湖南、江苏、武汉 500 万只，北京、上海、天津等大城市年消费量也在 300 万只以上，安徽、海南、湖南、江苏等省的年消费量已突破 5000 万只。2003 年，每只商品乳鸽 8～9 元。2004 年受禽流感影响，售价略有回落，但仍保持 7～8 元/只。2008 年底，各地市场乳鸽售价 11～13 元/只，但受饲料价格及人员用工费用等上涨因素影响，其经济收益与 2003 年基本持平。由此可见，肉鸽作为家禽饲养业的新宠已不再是一种消遣和实验。商品仔鸽养殖业是一项可靠的实业，随着市场的进一步完善，这一养殖业已逐渐步入健康、有序的发展轨道，自身具有了一定的抗市场冲击的能力。

二、我国饲养肉鸽的有利因素

1. 在我国每个城市与乡村都有散养鸽子的习惯，有饲养鸽子的群众基础，只要稍加掌握肉鸽的习性和饲养技术，小群散养，即能很快发展壮大。

2. 投资成本不大，而经济效益明显。养鸽起始投资成本比饲养其他家禽少，每平方米可养 4 对种鸽，不需要占用很多土地和房舍；另外，棚内设备比现代化鸡场简单，除了一定的笼位和供水、供料、保健砂槽外，不需要设置昂贵的通风设备和取暖设备。而每对乳鸽成本仅在 7 元左右，扣除饲料成本、医药防疫费用、管理折旧费用等，每对种鸽年盈利在 30～50 元。鸽场规模越大，效益越高，但是风险也越大。

3. 肉鸽日常生产中人为操劳相对较少，劳动量较小，饲养上不需要强劳力。鸽子不像其他家禽需要人工保温、转群等的照料，而是亲鸽自己孵蛋、自己哺育雏鸽，幼鸽孵出后经过 1 个月左右即可出售，亲鸽此后再生蛋、孵蛋、哺育雏鸽。饲养人员在亲鸽配对后，主要任务是保证种鸽有饲料、保健砂和水，因此，一般半劳力或老人都能饲养 300 对以上种鸽。

4. 鸽子的饲料资源丰富，一般散养肉鸽主要供给玉米、谷类、豆类及油菜籽等，饲料来源丰富，并且可以利用农村、田园的田边土地种植此类饲料。

5. 鸽子性情温顺，在领地不受侵犯的情况下，不会管闲事和打斗，具有很强的孵化、育雏能力，容易饲养管理。

6. 鸽子的采食量小，平均每天每对鸽子采食 100 克左右，哺育乳鸽期间在 125 克左右，体型大的种鸽也在 125 克左右，

而且在不同的季节种鸽会选择采食不同比例的饲料满足其生理需要。此时饲养者需要根据采食变化，提供多种饲料。

7. 种鸽的繁育期为10年，高峰期平均5～6年，其后产蛋、孵化率下降，故生产上5～6年要进行更新淘汰。而鸡每两年必须更新一次，因此，养肉鸽是1年投资5年受益。

8. 鸽子能够忍受酷暑（40℃）和寒冷（－40℃）。在热带地区，鸽子生活得很好，在严冬季节，鸽子也不怕严寒，这给饲养者的粗放饲养提供了有利条件。但是在肉鸽生产中要注意，长时间的炎热和寒冷会使鸽子的产蛋量下降或是停产。

9. 与其他家禽相比，鸽子有较强的抗病力，这是在散养情况下表现出来的有利因素，但实际上，在规模化饲养后，传染性疾病甚至毁灭性疾病也时有发生。

10. 乳鸽生长速度快，仔鸽孵出后1个月即可销售，体重达成年鸽体重的70%左右，这种生长速度是其他家禽的1倍至几倍。亲鸽每1.5～2个月产出一对仔鸽。

三、我国肉鸽养殖业存在的问题和解决方法

一个新兴产业，有利可图，就会导致一哄而起。饲养密度高了，饲养数量大了，供大于求，竞争性强了，问题就会暴露出来。后养者如能逐渐认识到存在的问题，可以及早采取措施，规避风险。目前我国肉鸽养殖业存在的主要问题有：

1. 未能形成肉鸽育种体系，品种退化严重

肉鸽饲养目前主要是自发性散养，品种来源混杂，基本上不选育，导致品种退化，生产能力下降。国外由于有专门的肉鸽纯种品系繁殖研究机构和公司，其后代商品乳鸽体重都有品种指标，而我国一般乳鸽的均匀性差，生产不好控制，缺乏竞争力。

2. 乳鸽产量和育成率低

提高种鸽产仔数量是提高种鸽效益的有效途径之一。目前国外每对种鸽年育成乳鸽16～18只，而我国农户饲养仅能育成10～11只。要育成同样数量乳鸽，需要多饲养1/3的种鸽，

这样就提高了成本，降低了效益。从种鸽选育、提高年产仔鸽数来看，育种是十分必要的，但耗时较长，费用较大，一般饲养场均无此能力或精力来做。所以，大多数商品鸽场利用鸽的生理特点，采用人工抚养仔鸽，以缩短哺育时间，让亲鸽提早产蛋，这样每对种鸽每年可多产仔鸽 2～4 只。

3. 缺少肉鸽饲养管理的知识和经验

经调查表明，现在的肉鸽饲养者，多是由商转牧，或是其他副业扩展和旧棚改造饲养肉鸽，也有部分信鸽饲养者转向饲养肉鸽，由于缺少饲养肉鸽的知识，多数饲养者是“摸着石头过河”，带有较大的盲目性。主要表现在以下几个方面：

（1）鸽棚条件差　大多数由旧房改造而成，通风、采光条件差，缺少防寒保暖措施。

（2）笼具空间过小，限制了肉鸽活动　笼养本身就限制了鸽子的活动，如果空间再过于窄小，便会影响鸽子的交配。

（3）饲料研究和应用匮乏　目前肉鸽场大多采用信鸽的传统饲料加保健砂的饲喂方式，而笼养肉鸽靠这种饲喂方式不能满足生长、繁殖需要，急需研究使用全价饲料替代。此外，为提高产仔数，目前只有少数鸽场应用人工鸽乳。

4. 高密度饲养，环境污染增加，疾病防治技术滞后

人们对鸽病的严重性认识不足，认为鸽抗病力强，不易生病，因此，疏于环境卫生管理，一般人员可随意进出鸽场，没有卫生防疫措施，没有疾病防治程序和药物使用方案。事实上，近年来肉鸽（包括信鸽）的烈性传染病时有暴发，损失惨重。高密度饲养也为疾病的流行创造了条件。同时，我国肉鸽集约化饲养时间较短，受饲养技术、饲养经验等制约，目前我国在肉鸽的疾病防治方面仍有很多欠缺。

5. 未能形成产、供、销一条龙，缺乏国内、国际市场竞争力

集约化饲养，需依托科学的饲养管理、有效的疾病防治和一定的规模来增加企业的收益。但要获得更大的经济效益，还要强调市场观念，建立产、供、销一体化体系，才能形成拳头产品，以销定产，开拓市场，降低风险，提高效益。

第二章 认识肉鸽

家鸽是由野鸽进化而来的，因此肉鸽仍保留野生的一些生活习性，只有顺应和了解掌握了它固有的习性，才能取得良好的饲养效果。

第一节 肉鸽的习性

一、配偶特性

肉鸽成熟后对配偶有选择性。大多数雌雄鸽一旦配对成功，便不再与其他鸽交配，通常能保持终生，除非将它们进行分离。但在群养情况下，有些雄鸽也会抛弃配偶去找其他单身的雌鸽，偶尔也有一雄配二雌的现象。在繁殖期间无论是雄鸽还是雌鸽，若找不到异性配偶，有时也会找同性的鸽子配对。

二、筑巢恋巢特性

鸽的筑巢、孵化、哺育后代、守巢、护窝等活动均由雌雄亲鸽共同担当。雌鸽产下第一个蛋时，并不认真孵蛋，通常要到第二个蛋产下之后才开始认真孵化，雌雄双方都参与孵蛋，雌鸽孵蛋的时间要比雄鸽长一些。有时一对鸽子会因为惊吓或其他原因遗弃正在孵化的蛋，鸽子一般孵不了4个以上的蛋，所以蛋太多也常遭遗弃。鸽子属于晚成鸟，出生后不能自己觅食，需要亲鸽哺喂。

鸽的育雏是由雌雄双方共同分担的，在给雏鸽喂鸽乳时，双亲都很细致，在雏鸽满2周龄前，都可在不同窝之间相互交换而不会被亲鸽拒绝，在食物充足的条件下，有些亲鸽也可以同时哺喂 3～4 只雏鸽。

三、群居性

鸽子喜欢群居生活，在散养或群养的情况下，能够友好相处，极少发生殴斗现象。如果舍内所有的鸽子都已配对，它们会在自己的巢内生活，很少发生离巢现象。在喂料时，它们会一个挨着一个而不互相打斗。在群体内鸽子没有像雏鸡那样的等级序位，进行砂浴和饮水时都是轮流进行。每对鸽子只关心自己的巢、蛋和雏鸽，只要它们感到自己舒适就够了，很少去干涉其他鸽子的事情。

鸽子有强烈的归巢性，不愿在生疏地方逗留或栖息，往往出生地就是它们一生生活的地方。

四、占区与啄斗

舍饲的鸽群在产蛋孵化时，通常要占据一定的区域作为自身的活动范围，并由雄鸽担任警卫，不许其他鸽子入侵，这种行为称为占区。当其他鸽子侵入时，它会立即把对方驱逐出境。雄鸽还经常用鸣叫和求偶的姿态，阻止其他雄鸽接近自己的配偶。据观察，舍饲鸽群的巢区大约在 1 米^2 左右，笼养种鸽当受到上下、左右笼鸽子的侵扰时，也会表现出捍卫领地的本能。

五、喜欢洗浴

洗浴是鸽子的一项重要生理活动，尤其是在炎热的夏天，通过洗浴来达到清洁羽毛和皮肤的目的。洗浴的时间多在 10 时至 15 时之间。散养的鸽子常成群结队到塘边或河边浅水区洗浴，笼养的则应设置水浴池，否则它们会将头伸入饮水盒中洗浴。洗浴之后，松开全身羽毛，用力抖掉身上的水滴，在日光下梳理羽毛，10 分钟后羽毛就会晒干。有时鸽子也会在砂土中进行砂浴，砂浴有助于清洁羽毛，去除藏在体表的寄

生虫。

六、食性广杂

鸽子以素食为主，喜食粒料，如绿豆、小豆、玉米、麦子、高粱、稻谷等，对青绿饲料和砂粒也比较喜食。

肉鸽在不同时期采食行为要有区别，正在孵蛋的亲鸽，不仅采食时间短，采食量也少，带仔种鸽采食频繁，采食量也大，常常采食，饮水之后就回到巢内哺喂乳鸽。当嗉囊中的饲料喂完后，又继续去采食。据观察，舍饲鸽在食槽、保健砂槽和饮水器都很充足的条件下，投料后约有 80％的鸽采食饲料，但很少见到因争食而发生打斗的现象。

七、记忆力强

鸽子对方位和槽箱的识别能力很强，对配偶及仔鸽的记忆尤其深刻。飞出笼外的种鸽，只要打开笼门，就能从成百上千个样式相同的鸽笼中找到自己的笼子。舍饲的鸽子，也能在几百只颜色相同的鸽群中找到自己的配偶。当鸽子已学会使用复杂而特殊的容器进行饮水、吃食之后，即使把这些容器拿走以后许多日，它们还能记得这些容器的用法。当鸽子对喂养它的饲养员熟悉后，也不会忘却，通过饲养员耐心的调教，很容易建立起条件反射。

八、警惕性高

当鸽子被置于一个陌生的环境中时，常表现出恐惧不安。如果巢箱的位置发生变换，或经常受到猫、蛇及强光、噪声的侵害时，鸽子就会逃出笼外或舍外。特别是夜间，异常声响常会使鸽群惊慌骚乱。

鸽子还有较强的自卫本能。当雌鸽在孵蛋或抱雏时，雄鸽就在巢边警卫，以防其他鸽子的干扰和天敌的伤害。当饲养人员检查鸽蛋和雏鸽时，亲鸽就表现出喙啄、翼打的凶猛行为。

九、适应性强

当鸽子的生活环境发生变化时，它有自我调节能力，可以继续维持自己的生命活动和繁衍后代，这种能力称之为适应性。鸽子的适应性范围很广，包括地域性、气温、湿度、海拔高度、饲料种类、饲养方式等。例如，我国长江以南和东北地区的饲料类型差异很大，但是鸽子经食性驯化以后，很快就会适应新的饲料。将鸽子从安静的饲养环境转移到嘈杂的环境下，开始时表现惊恐不安，但过一段时间就习以为常了。因此，为了保持鸽子良好的生产性能，在饲养环境变化时，应遵循循序渐进的原则，最后使其完全适应变化后的生活条件。

第二节　肉鸽的品种

肉鸽的主要特点是早期生长快，体型大，肌肉丰满，性情温顺，飞翔能力差。目前世界上肉鸽的品种、品系不下几十种，其中以王鸽、鸾鸽、蒙丹鸽及我国自行培育的石岐鸽、泰深自别鸽、天翔鸽、大宝鸽等较为著名。

一、国外主要肉鸽品种

1. 王鸽

王鸽又称大王鸽，是世界著名的肉用鸽品种，也是目前世界上饲养量最多、分布面最广的品种。

王鸽的体型特征是体型短胖，胸圆背宽，尾短而翘，平头尖脚，羽毛紧密，体态美观。成年雄鸽体重800～1100克，雌鸽700～800克，年产乳鸽6～8对，4周龄乳鸽体重600～800克。按其羽色通常分为白羽王鸽、银羽王鸽、绛羽王鸽等。

(1) 白羽王鸽　又称白金鸽、白玉鸽、白大王鸽。是1890年在美国新泽西州用白鸾鸽、白马耳他鸽、白蒙丹鸽和

白贺姆鸽四元杂交培育而成的。分展览用和生产肉用仔鸽两个品系。其特点是周身羽毛洁白、紧凑，嘴呈肉红色，鼻瘤很小，眼大有神，眼皮呈双重粉红色，眼球呈深红色，胫爪枣红色，无脚毛，尾羽略向上翘，体态丰满结实，体躯宽阔而不显得粗短，两脚站直而开阔。体高30厘米，胸端宽13厘米，体长24厘米，成鸽体重800～1000克，青年鸽体重750～950克，年产乳鸽6～8对，上市乳鸽光鸽重450克左右。体重够标准而体长较短者为上选。

（2）银羽王鸽　又称银王鸽。100多年前，美国用浅灰壳羽的蒙丹鸽、鸾鸽、马耳他鸽和贺姆鸽四元杂交培育而成。体型比白羽王鸽稍大，全身紧披银灰色带棕色的羽毛，翅羽上有两条黑色带，腹部和尾部呈浅灰红色，颈部羽毛呈紫红色，带有金属光泽，鼻瘤呈粉红色，眼环呈橘黄色，胫爪呈紫红色。生产性能也像白羽王鸽一样分两个品系：展览用和生产肉仔鸽用。

生产商品肉用仔鸽的银羽王鸽，通常体躯宽而深广，结构匀称，尾羽不像展览用王鸽翘得那么高，体躯也不像展览用的王鸽那么短。这一品系的银羽王鸽除具有白羽王鸽的全部优点外，通常比白羽王鸽更温顺好养，成年种鸽和上市光鸽的体重也较大些，成年种鸽的活体重通常在800～1200克之间。每对种鸽可年产仔鸽10对，商品光鸽体重500克以上。

2. 卡诺鸽

卡诺鸽又称卡奴鸽，依其体羽颜色又分为绛羽卡诺鸽、白羽卡诺鸽、赭羽卡诺鸽和黑羽卡诺鸽，其中后三种鸽因其生产性能较低，不适合作为生产肉用品种。

（1）绛羽卡诺鸽　因其羽色近似于栗壳或牛肉的深红色，所以又称赤鸽。原产于法国北部和比利时南部，是肉食和观赏兼用品种。绛羽卡诺鸽成年种鸽活重620～740克。体躯结实，羽毛紧凑，无腿毛，性情温顺，饲养管理容易，年产仔鸽10对左右，乳鸽上市体重450～510克。

（2）白羽卡诺鸽　由美国棕榈鸽场于1932年培育而成，是由法国和比利时产白斑纹绛羽卡诺鸽与来源不详体型较大的白羽鸽种杂交育成的。成年种鸽体重600～750克，乳鸽550～600克，具有全白羽肉鸽品种的优点，光鸽体躯浑圆、皮肤洁白、稍带粉红色。

3. 蒙丹鸽

蒙丹鸽在法国和意大利各地已饲养了200多年，因体型较大，不善飞翔而喜欢在地上行走，故又称“地鸽”。其体型与王鸽相似，性情懒惰，行动缓慢，育雏性能好，毛色多样，有纯黑、纯白、灰二线、黄色等，可分为毛冠型、平头型、毛脚型、光脚型。按产地分有印度蒙丹鸽、美国毛冠蒙丹鸽和法国蒙丹鸽等。

（1）法国蒙丹鸽　又名法国地鸽，在我国的广东、上海、北京等地多有饲养。其体型很像白羽王鸽，产蛋、孵化、育雏能力都很好。成年鸽体重1000克左右，年产乳鸽6～8对，4周龄乳鸽体重750克。

（2）美国蒙丹鸽　又称美国巨头冠鸽。比利时用法国蒙丹鸽与卡诺鸽、鸾鸽和马耳他鸽等大型鸽杂交，于1940年育成。该鸽种是一个极好的肉鸽品种。除了鸾鸽外，它在目前是体型最大的鸽种，羽毛紧密、无脚毛，体躯短而浑圆，背宽而直。站立时像卡诺鸽一样，从颈到尾成一条直线。头鼓圆，毛冠是该品种的主要特征。有多种羽色，以白羽最符合市场要求。成年体重800～900克，乳鸽体重700克。

（3）印度蒙丹鸽　是利用印度哥拉鸽与法国蒙丹鸽、卡诺鸽等杂交育成的。这种鸽比美国王鸽身体稍长，羽毛有黑白花色、褐色、红色、黄色等。成鸽体重，雄鸽780～840克，雌鸽700～785克，乳鸽体重600～650克。

4. 鸾鸽

鸾鸽又称仑替鸽，是最古老的品种之一，是所有鸽子品种中最大的鸽种。成年鸽体重1200～1500克，4周龄乳鸽体重

可达750～900克，年产乳鸽6～8对。该品种的主要特点是平头大脚，体短方形，大如母鸡，性情温顺。几乎不会飞翔，胸部突出，肌肉丰满，羽色有黑白、银灰、灰二线等。由于体型过大，孵化时易压破种蛋，因此其繁殖力较差。1月龄以后的幼鸽生长慢，到童鸽以后才迅速生长发育，是培育新品种肉鸽的理想杂交亲本，目前大多数大型肉鸽品种，几乎多少都含有鸾鸽的血统。

5. 贺姆鸽

贺姆鸽很早就驰名于世界养鸽业。原有两个品种，即食用贺姆鸽和纯种贺姆鸽。美国于1920年用食用贺姆鸽、卡诺鸽、王鸽和蒙丹鸽杂交育成现在的肉用贺姆鸽（亦称大贺姆鸽）。

（1）肉用贺姆鸽　其特点是平头，羽毛紧密，光脚，羽色有白、灰、黑、棕及花斑等色。成年鸽重600～760克，年产仔鸽5～6对，4周龄乳鸽体重可达600克左右。

（2）纯种贺姆鸽　原产于英国，于1918年引入美国，成鸽体重为800～900克，年产仔鸽7～8对。主要特点是分布较广，繁殖率高，羽色有条蓝、纯灰、纯棕和纯黑等。

二、国内主要肉鸽品种

1. 石岐鸽

原产于我国广东省中山县石岐镇，是我国大型的肉用鸽品种之一，由王鸽、仑替鸽和大贺姆鸽等国外肉鸽与广东本地鸽经杂交选育而成。

石岐鸽的特征是体型较长，翼及尾部较长，平头，鼻长嘴尖，眼睛较细，胸圆，适应性强，耐粗饲。就巢、孵化、育雏等生产性能好。年产乳鸽6～8对，成年种鸽重650～800克，乳鸽体重600克左右。

2. 泰深自别鸽

泰深自别鸽是一种能够根据毛色分别雌雄的新品系，是由广东省家禽科学研究所同深圳农科中心合作选育的肉鸽新品种。该种肉鸽体型中等，头部圆，颈粗壮，背较宽，胸肉厚，雌雄鸽羽色各不相同。雄鸽颈部至嗉囊间有4～6厘米的浅红褐色颈环，少部分雄鸽的翅膀主翼羽末端或尾羽末端有黑色块或黑斑，其余羽毛皆为白色或灰白色；雌鸽的羽色以“灰二线”居多，全身羽色浅灰黑色，颈部羽毛灰黑色较深些，翅膀中间有两条1～1.5厘米的黑色带。种鸽年均产蛋9～10窝，可育成乳鸽13～14只，乳鸽出壳后3～4天，基本可依毛色分辨雌雄。乳鸽全净膛重430克左右。

3. 新白卡奴鸽

新白卡奴鸽是利用引入的卡奴鸽经定向选育而成的肉鸽新品系，体型外貌基本保持卡奴鸽的特点，全身羽毛白色，是一种高产优质中等体型的肉鸽新品系，具有生产繁殖性能高、乳鸽生长速度快、抗病力强的特点。成年体重600～700克，170日龄开产，年产蛋9～10窝，平均产蛋周期36天，26日乳鸽上市毛重556克，胴体重500克。

4. 天翔鸽

天翔鸽是1997年由广东省家禽科学研究所同深圳农科中心利用肉用白王鸽、白色卡奴鸽和深王鸽配套杂交而成的。天翔鸽体型较大，全身白色，属高产大型肉鸽。成年种鸽600～750克，年产蛋10～11窝，可育成上市乳鸽15～16只，28日龄上市乳鸽毛重600～650克，胴体重470克左右。

5. 大宝鸽

大宝鸽是由广东家禽科学研究所同深圳光明畜牧场应用美国白羽王鸽同香港杂交王鸽、德国白羽王鸽杂交选育而成。大宝鸽周身白羽，体型外貌基本保持美国白羽王鸽的特点，但生产性能比美国白羽王鸽有较大提高，成年种鸽体重650～800克，180日龄开产，年产蛋9～11窝，可育成乳鸽14～16只，25日龄乳鸽上市体重625克左右，全净膛重400克以上。

6. 杂交王鸽

杂交王鸽也称香港杂交王鸽、东南亚王鸽，系由台湾及香

港养鸽者利用王鸽和石歧鸽或贺雌鸽杂交而成。体型介于王鸽和石歧鸽之间，羽色多种多样。杂交王鸽平均体重550～800克，商品光鸽重350～400克，每对种鸽年可产商品仔鸽6～7对，由于杂交王鸽的市场价格较为便宜，比较适宜于生产商品仔鸽，所以在我国香港、广东、广西、福建、湖南、上海、北京等地饲养较多。但是这种鸽子遗传性能不稳定，体型和毛色不一，在生产过程中较易发生品种退化现象，必须经不断选育，才能留作生产鸽。

7. 深王鸽

深王鸽是由广东家禽科学研究所同深圳农科中心合作，利用白羽王鸽经过多年的提纯不断选育而成，体型特征同白羽王鸽相似，周身白羽，体型中等偏大，尾稍长，头大颈粗，背宽胸深，胸肌饱满，脚较粗壮，成年鸽重700～800克，年可生产仔鸽8～9对，乳鸽全净膛重450～500克。

8. 光华王鸽

光华王鸽是由广州光华鸽有限公司和广东省家禽科学研究所合作培育，利用广东石歧鸽、白羽王鸽等品种配套杂交而成。光华王鸽全身羽毛白色，体型中等，外貌近似于白羽王鸽，胸部肌肉饱满，体躯中等，头颈尾部近似于石歧鸽，尾羽稍上翘，呈小羽形，成年鸽体重550～780克，年产卵10～12窝，乳鸽25日龄上市活重550～600克。

第三节　肉鸽的营养价值和经济价值

一、鸽肉的营养价值

鸽肉营养丰富，肉质细嫩，味道特佳，营养价值比其他家禽高，一向为肉中上品，素有“一鸽胜九鸡，无鸽不成席”之说。

鸽肉对于防治血管硬化、高血压、气喘等多种疾病有一定药疗作用。对于早期毛发脱落，中年早衰，头发变白，贫血和湿症亦有良好的治疗作用。外伤流血，产后出血和输血者，食用鸽肉有滋补作用。鸽肉中含有延缓细胞衰老的物质，对防止衰老有很大益处。鸽肉可促进血液循环，防止孕妇流产和早产。对改变男性精子活力减退，防止睾丸萎缩具有一定的作用。神经衰弱，记忆力减退，眼眉骨和后脑两侧疼痛及长期从事繁重的脑力劳动者，常吃鸽肉能缓解上述症状。

二、肉鸽的经济价值

肉鸽的饲养周期短，周转快，饲料报酬较高，一般乳鸽23～25日龄可以上市，生产一对乳鸽包括亲鸽的基础日粮约需5～7千克饲料，是一项可靠的实业，但要求养殖者喜爱并愿意为此项工作下功夫。

鸽子的抗病能力较强，所患疾病的种类较少，一般防疫、治疗等费用相对较低。而且其基础建设和饲养费用都比养鸡用得少，一只种鸽通常可利用5～6年，成鸽可以自行哺育乳鸽，省去了人工育雏的麻烦。因此养殖肉鸽的经济效益相对其他家禽来讲要高一些，一对优良的种鸽年需饲料36～50千克，按目前市场价每千克饲料1.6元，每对种鸽饲料费约70元，加上人员工资、房租水电等开支，每只种鸽的年成本约90元。而每对优良的种鸽年可产仔鸽13～16只，按目前市场价格，每只乳鸽11～12元计算，饲养一对种鸽每年可获纯利50～100元，一个劳动力能饲养500对，操作熟练的可饲养1000对，按500对计算，一个劳动力每年可获纯利25000～50000元。

第三章 鸽舍与常用的养鸽用具

第一节 肉鸽场的选址与布局

一、场地的选择

（1）地势高燥　鸽舍地势应高燥，要远离沼泽的地区，向阳避风，以保持地区小气候状况的相对稳定，减少冬春风雪的侵袭，特别要避开西北方向的山口和长形谷地。

（2）地形、地貌要开阔　鸽场的地形要开阔整齐，场地不要过于狭长或边角太多，边角太多会增加防护设施的投资。鸽舍的用地面积应根据饲养数量而定，占地面积不宜过大，在不影响饲养密度的情况下应尽量缩小，考虑到鸽舍场地今后的发展，要留出相应的发展空间。鸽舍四周不宜种植过于高大的树木，以免影响舍内采光。条件允许也可充分利用自然的地形地物，如树木、河流等，作为地界的天然屏障。建造鸽舍时，既要考虑鸽场免遭周围其他环境的污染，远离化工厂、屠宰场等污染源，又要避免鸽场污染周围居民区的环境。

（3）土质要良好　鸽场的土质应选择透气性强，吸湿性和导热性小，质地均匀，抗压性强的沙质土壤，以便雨水逐渐下渗。越是贫瘠的沙土地，越适合建造鸽场。

（4）交通要便利　鸽场应交通方便，以便各种物质及产品的进出。但为了防疫及减少噪声，鸽场距主要公路至少在

2000 米以上，最好设有专用通道与村庄和大道相连。

（5）水源优良　良好的水源是保证肉鸽养殖成功的关键，因此饲养场内要水量充足，水质良好，取用方便而且要便于保护。

二、肉鸽场场地布局

1. 分区规划的基本布局

鸽场的分区规划应遵循以下几项基本原则：一是应体现建场方针、任务，在满足生产要求的前提下，做到节约用地，少占或不占可耕地；二是在建设一定规模的鸽场时，应全面考虑粪便的处理和利用；三是应因地制宜，合理利用地形地物，以创造最有利的环境，减少投资，提高劳动生产率；四是应充分考虑今后的发展，在规划时应留有余地，尤其是对生产区规划时更应注意。

2. 鸽场内部建筑物布局

在进行鸽场规划时，应首先从健康的角度出发，以建立最佳生产联系和卫生防疫条件，来合理安排各区位置。

鸽舍要安排在空气流通的高处和上风处，住宅区和办公室要与鸽舍保持一定的距离，饲料加工房和仓库要靠近鸽舍，但也不能太近。治疗室、隔离室、鸽粪堆放处等应离鸽舍和住宅区远些，设在地势较低的下风处。为了防火，鸽舍与鸽舍、鸽舍与房屋之间都要有一定的空间；鸽舍间至少应相距 4～5 米。

第二节　鸽舍的种类与设计

一、鸽舍的种类

（1）种鸽舍　专门用来饲养种鸽。舍内隔成若干小间，每小间8～10 米^2，内设固定鸽笼，可养种鸽 20～40 对。若鸽群散养，则在舍外设运动场，用铁丝网围成“飞翔区”，供种鸽运动。

（2）育成鸽舍　专门用来饲养 1～5 月龄的青年鸽。舍内

隔成若干小间，每间 15 米^2 左右，可养鸽 120～150 只。舍内放置群养式巢箱及水、食槽和梯形栖架等；舍外用铁丝网围成运动场。

（3）商品鸽舍　是专门生产商品乳鸽的鸽舍。一般采用多层笼养，不设运动场。

二、鸽舍的设计

合理的设计能够减少鸽场投资，方便饲养管理及预防疾病。

1. 商品肉鸽鸽舍的设计

目前大多数鸽场都采用笼养式商品鸽舍，这种鸽舍的设计主要有以下两种形式：

（1）双笼式鸽舍　见图 3-1。

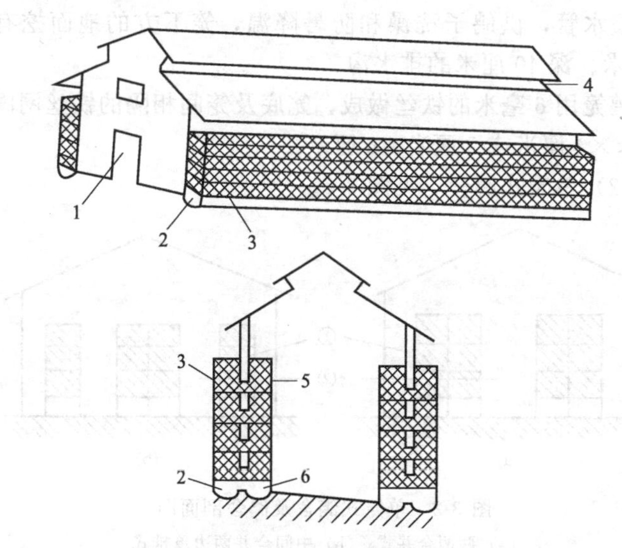

图 3-1　双笼式鸽舍示意图

1—门；2—外排水沟；3—外笼；4—通气窗；5—内笼；6—内排水沟

（引自：葛明玉等．肉鸽养殖与疾病防治．北京：中国农业大学出版社，2000.）

此种笼舍在广东、深圳等气候温暖的地区较为常见，其结构特点为，在鸽舍内靠近墙壁两侧各安装一排内笼，墙外与内笼对应的部位安装外笼，内外笼间开有高 18 厘米、宽 14 厘米的长方形通道，通道顶部与笼的底部平行。鸽舍长 20～30 米、宽 3 米左右，脊高 3～4 米，墙高 2 米左右，屋顶采用人字个形屋架，并做成钟楼式，舍内中间通道 1.5～2 米宽，通道两侧设有 V 字形排水沟，沟宽 50 厘米、深 30 厘米，上方安装重叠四层的亲鸽内笼。最下层笼底距水沟底部 35～40 厘米。每个笼深 50 厘米、宽 50 厘米、高 45 厘米，笼门设在通道两侧，内笼为亲鸽采食、产蛋、育雏和休息的地方，内设产蛋、孵仔用的巢盆。笼外面向通道的两侧挂食槽和记录卡；外笼为亲鸽运动、交配、饮水和洗浴的地方。笼深 60 厘米、宽 50 厘米、高 45 厘米。笼外面挂长流水式的水槽。在鸽笼顶上装有一条喷水管，供鸽子洗澡和防暑降温，笼下方的地面挖有宽 60 厘米、深 40 厘米的排水沟。

鸽笼用 6 毫米的铁丝做成，笼底及笼间相隔的铁丝网眼为 2 厘米×4 厘米或 2 厘米×6 厘米。

（2）单笼式鸽舍　见图 3-2。

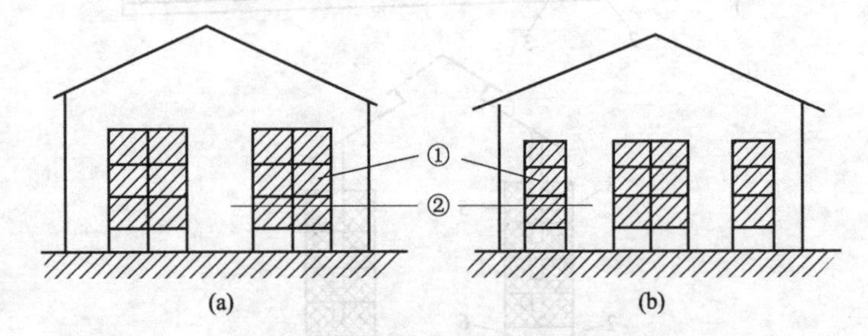

图 3-2　单笼式鸽舍及鸽舍剖面图

（a）两两合并式；（b）中间合并两边单排式

①鸽笼；②通道

（引自：葛明玉等．肉鸽养殖与疾病防治．北京：中国农业大学出版社，2000.）

此种鸽舍在南方为开放式的，在北方则为封闭式的。其

特点是每对亲鸽占用1个笼，鸽舍一般较大，是饲养商品肉鸽较常见的鸽舍。鸽舍大小不拘，饲养数量不多的可利用旧房舍改造，以节省基建投资，降低成本；但饲养数量较多的鸽场，最好自建简易鸽舍，才利于合理规划和方便管理。鸽舍一般长40～50米、宽5～7米，以一个饲养员管理300～400对亲鸽为宜。鸽笼的规格为宽50厘米、深60厘米、高50厘米或宽55厘米、深60厘米、高50厘米。笼的整体为3～4层结构，舍内一般排4列笼，并两两并排在一起成两大列，也可安成中间两列笼合并，两边单独排列方式。工作道宽1.2米，饲槽、水槽及保健砂杯都置于笼的前面。水槽在饲槽的下方，上下间距5厘米左右。为防止饲料及粪便污染饮水，饲槽可稍宽些，饲槽和水槽之间用木板或纤维板等物挡住，每笼只留两个4厘米的空隙，使鸽子能伸出头饮水。

2. 种鸽鸽舍的设计

(1) 离地群养亲鸽鸽舍　见图3-3。

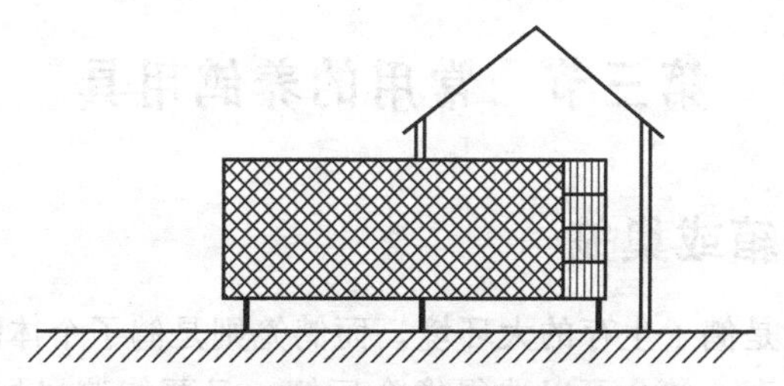

图3-3　离地群养亲鸽鸽舍剖面图

(引自：葛明玉等．肉鸽养殖与疾病防治．北京：中国农业大学出版社，2000.)

这类鸽舍多为单列式，每幢长20米、宽5米，里面用毛竹或铁丝网隔成5～6间，每小间可养亲鸽30对左右。舍内北面留1.5～1.8米宽的通道，南面用铁丝网或尼龙网围住。每个栏内距地面50厘米处用毛竹或铁丝网平铺，网眼2厘米左右，便于种鸽在上面活动，也便于管理，减少鸽子与粪便接触和传染疾病的机会。舍内各小间的围栏向南面延伸，作为种鸽运动场。运动场可以是离地式也可以是地面平养式。若为地面平养，最好采用水泥地面或用吸水性较强的沙土铺地面，以方便清扫和冲洗。另外，在每个小栏的南面要设有方便工作人员出入的小门。小栏内侧靠北面设 4～5 层巢窝，每对种鸽一个巢窝，其规格为宽 40 厘米、深 50 厘米、高 40 厘米，每个巢内设有产蛋巢。

(2) 种用童鸽鸽舍　这类鸽舍可以仿照上述种鸽鸽舍的结构，只是将舍内的巢箱改为栖架即可，栖架由木板或毛竹做成，每小间可养 100 只左右童鸽；也可建造成 6 米×30 米的鸽舍，舍内距地面 50 厘米处，全部用铁丝网或毛竹铺设，要求棚架结构坚固，便于工作人员上去喂鸽和捉鸽。舍内可依据需要分隔成 2～3 个小间，也可不分；或在鸽舍的中间设 1.2 米左右宽的通道，通道两边设饲槽，每小间向通道一侧设一道门，这样分两边饲养，便于管理，但其所用材料较多，且空间利用率相对较小。

第三节　常用的养鸽用具

一、巢箱或巢笼

鸽舍是鸽子生存的大环境，而鸽笼则是鸽子个体赖以生存的基础元素。鸽舍可以造得像个厂棚，只要能遮风挡雨就行，但是建造鸽笼却不能马虎，笼的设计和建造是否合理，直接关系到鸽子的生产性能和饲养者的经济收益。因此，应该把鸽笼看作是鸽舍的核心部分，在建造和设计时应注意以下几点：①用材省，造价便宜；②便于打扫，清洗和消毒；③结构要坚固耐用；④容积适宜；⑤能充分利用舍内空间；⑥方便日常管理；⑦鸽子居住舒适，互不侵扰；⑧能充分发挥鸽子的生产潜能；⑨便于一物多用。

1. 群养式鸽笼

群养鸽舍内一般设置柜式鸽笼，材料可选用竹、木、砖等。其大小长短可根据房屋面积决定，一般有三层和四层不等。

通常三层柜式鸽笼（见图 3-4），一个巢房供一对种鸽居住，其规格为高 33 厘米、深 45 厘米、宽 45 厘米。巢房中间用一块 30 厘米的挡板分成左右两个小室，此隔板在繁殖时才放上，平时拿开。在两室各放一个巢盆，巢房正前方是笼门兼垫板（降落台），当把它关上时是笼门，打开放平时是垫板，方便鸽子出入。

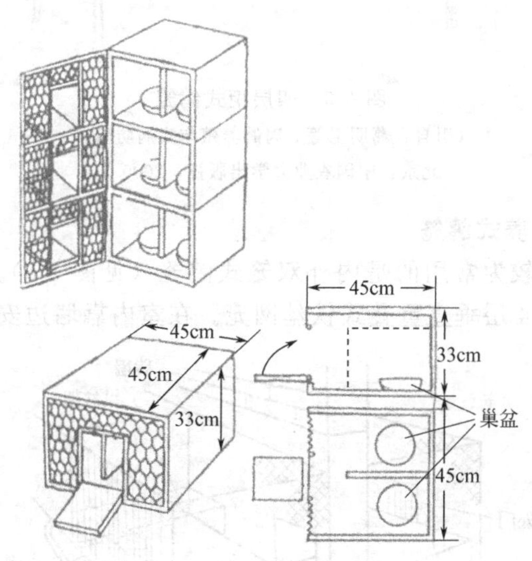

图 3-4　三层柜式鸽笼

四层柜式鸽笼（见图 3-5）的规格为高 160～170 厘米（脚高 20～30 厘米）、深 40 厘米、宽 140 厘米，平均分 4 层 16 小格，单格规格为高 35 厘米、深 40 厘米、宽 35 厘米，两侧相临两个小格之间开一个小门，合在一起为一个小单元，每个单元内养一对种鸽。

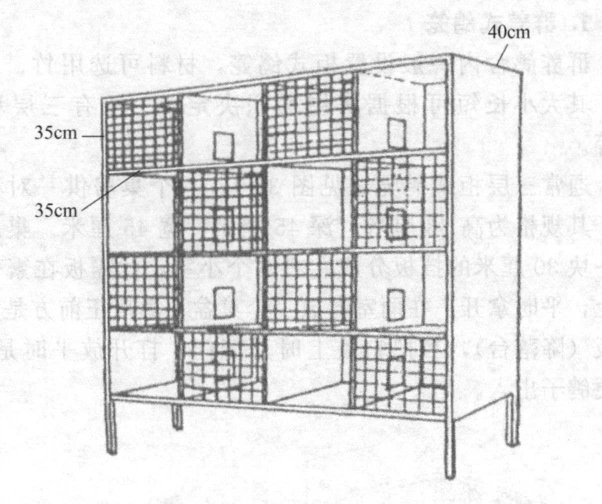

图 3-5 四层柜式鸽笼

（引自：葛明玉等．肉鸽养殖与疾病防治．

北京：中国农业大学出版社，2000.）

2. 笼养式鸽笼

目前较为常用的是内外双笼式鸽笼（见图 3-6）。这类鸽笼通常是 4 层垂直重叠式铁丝网笼。在室内靠墙边安装 4 层，

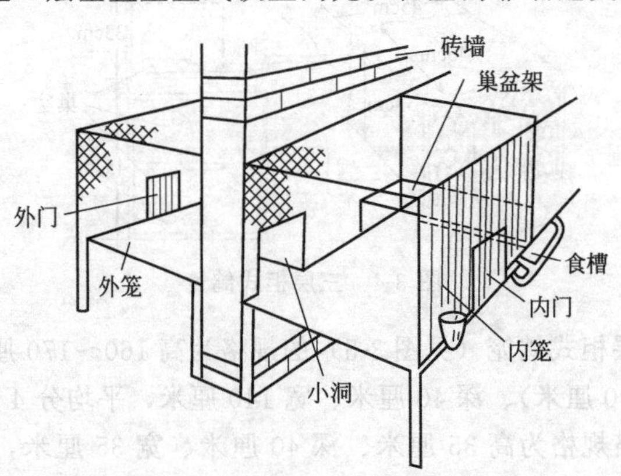

图 3-6 内外双笼式鸽笼

室外檐下靠墙同样安装4层，相对应的内外笼之间的隔墙上开一个宽14～15厘米、高18～20厘米的长方形的孔，作为种鸽出入的通道。内外笼的正面同样各开一个长方形的小门，以便捉鸽和清理废物。室内笼作为种鸽的产房，规格为长50厘米、深50厘米、高45厘米，笼外挂食槽、保健砂杯和记录牌。室外笼是种鸽的活动场所，其规格为深40～60厘米、宽50厘米、高45厘米，笼外挂水槽或水盆。室内笼正面用8号线焊接而成，缝隙为4厘米，方便鸽子伸头采食，其他地方的铁丝网眼为3厘米×3厘米，内外笼笼底距地面均为20厘米，内外分别设有排水沟，以便冲洗粪便。

3. 单箱式鸽笼（图3-7）

图3-7 单箱式鸽笼

适合于青年鸽配对，隔离伤残病弱鸽和开放式养鸽采用，其规格为深50厘米、宽60厘米、高45厘米。笼正面的中间位置为笼门，笼门左右侧安上饲料槽、水杯和保健砂杯。种鸽配对专用笼规格为深35厘米、宽50厘米、高45厘米。

二、其他常用用具

常用的养鸽用具有栖架、食槽、巢盆、饮水器、保健砂杯（箱）、洗浴盘、脚圈和运鸽笼等。

1. 栖架

栖架的作用是为鸽子在巢箱外设置的一个栖息场所。通常斜放于鸽舍的墙根或运动场的四周，对条件不允许的鸽场也可取消栖架。栖架的制作材料多为竹子或木板，其规格为长2～4米、宽0.4～0.6米或更宽一些。其形状如图3-8所示，空隙间隔为10～30厘米。

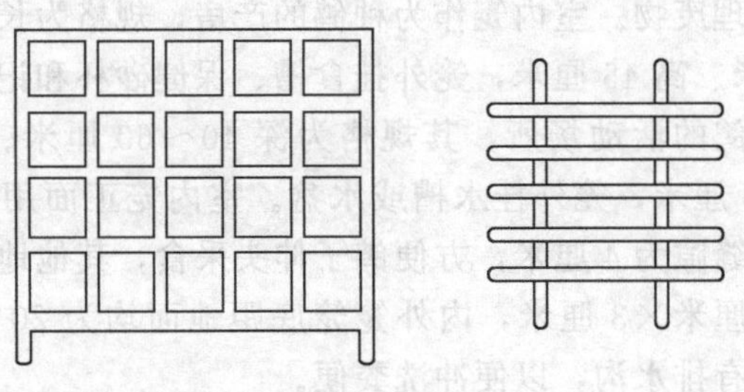

图3-8 栖架

2. 食槽

目前常用的食槽有槽式食槽、自取食槽和自选食槽。

(1) 槽式食槽　这类食槽的缺点是，每天需要投放两次饲料，较为费工费时。材料多选用木材、金属或塑料。供笼养鸽采用的食槽最好用圆竹筒或白铁制作。如采用圆竹筒做，最好选直径8厘米左右的竹子，每个食槽长40厘米左右，开口宽4.5～5厘米，两个相邻巢笼合用一个食槽。

供群养鸽舍内用的槽式食槽，一般长90～120厘米、高6～8厘米、上宽5～7厘米、下宽3～5厘米。食槽的上方中央钉一条可转动的木棍，或把食槽放在通道内，使鸽子不能整个身体进入食槽或站在槽上拉屎，以保持槽内饲料不被弄脏。为了节省空间，保证一个单元的鸽子能同时吃到饲料，食槽也可以做成两层或三层。

(2) 自取食槽　在食槽上面设有一带顶盖的贮料箱，喂料时，揭开顶盖，把饲料加满。食槽下方设有出料口，出料口旁设有盛料槽。盛料槽内饲料随时添加。这种料槽的优点是一次性投料可供鸽子吃5～10天，节省劳动力，缺点是挑料现象严重。

(3) 自选食槽　将食槽分割成大小不等的几个部分，每个

小格内放入一种饲料，任鸽子自由挑选，减少了饲料浪费现象。自选食槽一般上下高 90 厘米左右，长 91 厘米，前后宽 15 厘米，分成 33 厘米、22 厘米、18 厘米和 18 厘米四个小格，依次放入玉米、豆类、小麦和高粱，生产中可根据需要自行设计食槽的尺寸和格数。食槽的盖顶用铰链与食槽连接，食槽的底用金属筛网来充当，以便让饲料中的尘土等漏下。

为了不使羽毛和垃圾扬入饲槽内，食槽应离地 10～25 厘米，食槽旁安设一宽 25～40 厘米的木板，以便鸽子站立在上面采食饲料。

3. 巢盆

巢盆是供鸽子产蛋、孵化、育雏用的，材料可选用塑料、铁丝、石膏、陶瓷和木材等，规格为长 20 厘米、高 10 厘米、宽 20 厘米。如果有巢箱，且有充足的优质垫草，供鸽子自行做窝的话，也可不必使用巢盆。通常每对种鸽配上下两个巢盆，上层巢盆供产蛋孵化用，放在笼的上侧；下层巢盆供育雏用，放在笼底部。为减少投资成本，也可备一些巢盆，随时安放，而不必每个笼舍内部都放 2 个。也有一些鸽场仅配备一个巢盆，而在笼底铺一块长 30 厘米、宽 25 厘米的油毛毡或旧麻袋片，当仔鸽达 13～15 日龄时，将其从巢盆内移到油毛毡或麻袋片上。巢盆经清理后仍放回原处，以备雌鸽产下一窝蛋。

4. 饮水器

在选用饮水器前，应充分了解其优缺点。鸽用饮水器要求能保证饮水新鲜、洁净和充足；鸽子的脚或身体无法进入，鸽粪、垃圾等污物不会污染饮水；容易清洗消毒，贮水深度不少于 2.5 厘米，加水方便省力；封闭性好，不容易倒，经久耐用，价格便宜，易于维修。目前常见的饮水器有以下几种：

(1) 瓦盒式饮水器　适于放入运动场内，这类饮水器比较经济简单，只要在盆外套一个伞形罩，罩缝的间隙以鸽头能自由出入为好。这类饮水器的缺点是不易保持饮水清洁，且一天需多次加水。

（2）塔式饮水器　多用无毒塑料制作而成，可参考养鸡用塔式饮水器。

（3）管式、槽式饮水器　适合于笼养种鸽采用，其长度与鸽笼排列长度相等。管式水槽的上面每隔 5 厘米开一个可容鸽喙伸入饮水的小孔，这类饮水器能保持饮水清洁，但清洗麻烦；槽式饮水器是用宽 6 厘米、深 3 厘米的塑料或铁皮制成的水槽，其冲洗方便，但饮水易被污染。

（4）饮水器的安放位置　饮水器应安放在灰尘、垃圾、羽毛等脏物最不易到达的场所。目的是保持饮水清洁和鸽舍干燥，因此饮水器安放位置的优劣次序依次为：笼舍外面的金属网外，棚内和鸽舍内。尤其是水龙头、水箱和阀门等，最好放在笼舍外。另外，还必须考虑夏季水晒热、冬季水结冰、病弱鸽无力飞到飞棚去饮水等问题，因此，有条件的可配备两套饮水器，一套设在飞棚外或飞棚内，一套设在鸽舍内。舍内饮水器仅在冬季使用。

5. 保健砂杯（箱）

盛装保健砂的容器最好用木材、水泥或陶瓷等不易被腐蚀的材料制成。要安有防止日晒雨淋，以及垃圾、羽毛等脏物进入的盖子。其深度应在 5～10 厘米，太浅，保健砂易干燥且增加添加次数；太深，保健砂下层易变质。安放位置最好选在飞棚外，条件不允许时也可放在飞棚内或鸽舍内，但应注意保持清洁、卫生。木质保健砂槽一般长 52 厘米、宽 14 厘米、深 15 厘米，其数量可根据鸽群的数量而定。

6. 洗浴盘

洗澡是鸽子健康的标志，可选用塑料盘、瓷盘和木盘，形状不限，大小不限，根据鸽群数量，摆放若干个洗浴盘在运动场内，以 40～50 只鸽配一个洗盘为好，盘中水深以 6 厘米左右为宜，如果发现鸽子群体中有体外寄生虫，可以在盘中加入相应药物。为防止群体内鸽子喝洗澡水，洗澡水在洗浴后 0.5～2 小时必须倒掉，洗浴次数应视天气状况而定。一般冷

天一周1次，热天一周3次，平常一周1～2次。在北方冷天可不洗或几周洗一次。洗澡时间最好选在上午8:00～10:00，以便雌雄鸽都有洗澡的机会。

7. 巢草

稻草、麦秸、松针等一类植物的茎叶都可以作为鸽子筑巢的垫草。对稻草和麦秸等较长的草，可用铡刀切成长15～30厘米短草后再使用。通常巢草放在巢草架内供鸽子自己衔取。巢草架可安放在鸽舍内巢箱底下或靠墙适当的地方，其大小视单元内鸽子的数量而定。为防止老鼠藏匿和定居，巢架内的巢草最好短时间内用完再放。亲鸽做窝时，若形状不呈碗形，可人工帮助整理，以减少种蛋损失。对于笼养肉鸽，舍内可不放置巢草。

8. 脚圈

脚圈又称脚环或鸽环，用铝片做成，为了辨认鸽子和进行系谱记录，种鸽和留种的童鸽都应套上编有号码的脚圈。通常7～8日龄的幼鸽就套上脚圈。脚圈的标注一般为年在前，棚舍号或笼号居中，鸽号在最后，如0306-12，表示2003年出生的第6号棚或笼的第12号鸽子。

9. 运鸽笼

(1) 塑料笼　其规格为长75厘米、宽54厘米、高26厘米，分上下、前后和左右6块，可灵活拆装，笼门在顶部，其尺寸为24厘米×32厘米，笼顶、笼底和四周的网眼规格分别为3厘米×2厘米、1.5厘米×1.5厘米和2.5厘米×5厘米，每只笼可装种鸽15对，或乳鸽30～35对。

(2) 竹运鸽笼　用宽度为1.5～2厘米的竹篾片编织而成，上下扁平，两头呈椭圆形，顶部的中间位置设有一个圆形的笼门，笼门的直径为20厘米，笼的规格为长90～100厘米、中部宽55～60厘米、高25厘米。每只笼可容纳种鸽15对。

第四章 肉鸽的营养与饲料

第一节 肉鸽的营养需要

肉鸽的营养需要主要有水、能量、蛋白质、脂肪、碳水化合物、矿物质和维生素等。在机体新陈代谢过程中，它们功能各异，每一种营养物质的缺乏都会引起不良后果。

一、水

水是构成鸽体和鸽蛋的主要成分，饲料中营养物质的消化吸收，代谢废物的排出，体内酸碱平衡和渗透压的维持，以及血液循环、呼吸、体温调节等生命活动都离不开水。

饮水不足，就会表现出组织和器官缺水，食欲和消化机能减弱，代谢物排泄受阻，体脂肪和体蛋白质分解加强，血液浓稠，体温升高，循环系统和分泌系统作用失常，生长发育迟缓或停滞，生产性能低下等。严重缺水者会因组织内积累过多有毒代谢物而导致中毒死亡。补充体内水分缺失最直接最有效的途径是饮水。鸽子对水的需求量因季节、气候、品种、年龄、饲料种类、生理状况等不同而异。一般每日每只的饮水量是30～70毫升，夏季及哺乳期饮水量相应增加。笼养鸽的饮水量比平养鸽的相对多一些。环境温度0～20℃时鸽的饮水量变化不大，0℃以下饮水量减少，超出22℃时饮水量增加，35℃时饮水量是22℃时的1.5倍。在患热性病的情况下饮水量比平常增加1～2倍。

二、蛋白质

蛋白质是构成鸽体组织及鸽蛋的主要原料，因此为了保证

肉鸽生产性能的充分发挥，必须保证供给足够数量和质量良好的蛋白质。

饲料蛋白质的营养价值主要取决于氨基酸的组成。构成蛋白质的氨基酸大约有20种以上，其中有13种为必需氨基酸，包括赖氨酸、蛋氨酸、色氨酸、组氨酸、苯丙氨酸、苏氨酸、精氨酸、胱氨酸和酪氨酸等。这些必需氨基酸在体内不能由其他氨基酸转化，必须从饲料中供给，其中以赖氨酸、蛋氨酸、胱氨酸和色氨酸尤为重要。体内其他各种氨基酸的吸收利用均受其影响。

日粮中蛋白质和氨基酸不足时，乳鸽生长迟缓，食欲减退，羽毛生长不良；成年鸽性成熟推迟，产蛋量下降，蛋重减轻。蛋白质和氨基酸严重缺乏时，体重减轻，卵巢萎缩，因此，饲料中必须有足够的蛋白质和氨基酸，以满足鸽子的生理和生产需要。不同饲料中氨基酸的种类和含量均有差异，因此，在配制鸽子日粮时，应注意多选几种饲料，以保证日粮中的氨基酸含量平衡，提高蛋白质的利用效率。

鸽子日粮中，蛋白质水平一般不应少于17%。

三、碳水化合物

碳水化合物是鸽日粮中用量最大的营养物质，是日粮的主要组成部分，碳水化合物在鸽子体内含量很少，一般不超过体重的1%，但能够提供鸽子生命活动所需能量的70%～80%，主要分布在肝脏、肌肉和血液中。碳水化合物除作为能量外，多余的被转化成脂肪沉积在体内作为能量储备，或者用于产蛋等。饲料中碳水化合物不足，鸽子会动用体内的蛋白质和脂肪用以产生能量，但如果碳水化合物过多，常出现脂肪过度沉积的现象。通常日粮中碳水化合物的供应量应随着季节和鸽子的生产状况而变化，炎热季节和繁殖期应多些，寒冷季节及生长期应低些。

四、脂肪

脂肪的能量值是碳水化合物的2.25倍，它对某些脂溶性维生素如维生素A、维生素D、维生素E和维生素K等的吸收利用起主要作用。脂肪中所含的亚油酸、亚麻酸和花生四烯酸是动物的必需脂肪酸，必须由饲料供给，机体不能合成，缺乏时，会阻碍幼年动物的生长发育，甚至引起死亡。由于鸽子属素食性动物，其体内能量的主要来源是碳水化合物，日粮中含3%～5%的脂肪即可满足需要，因此，在实际饲养中，不必特意另外添加动物性脂肪等高脂肪含量的饲料，以免影响消化，出现下痢。

五、矿物质

研究表明，元素周期表中的所有天然元素，在动物机体的各种组织器官中都可以找到，按其在体内的含量人们将其定义为常量元素和微量元素。常量元素是指占体重0.01%以上的元素，如钙、镁、钠、钾、氯和硫等；而含量低于0.01%的元素称为微量元素，如铁、铜、锌、锰、碘、硒等。无论是常量元素还是微量元素，在动物机体组织内都具有一种或几种催化作用，是生命活动过程中不可缺少的营养物质。鸽子与其他畜禽相比，饲料多以原粮为主，所需的矿物质需要额外补充。所以在饲养过程中能否提供科学合理的保健砂是决定饲养成败的关键。保健砂配制不合理或缺乏，鸽子就会出现精神不振、食欲减退、骨骼松脆变形、脚软无力、生长受阻、发育迟缓、繁殖力下降或异嗜等多种症状。

六、维生素

维生素是控制和调节机体新陈代谢的主要物质，动物对维生素的需要量极少，通常以毫克计。但是如果缺乏了，常会出现生长发育受阻、发育不良、生产性能下降、抗病力降低等现象，严重者甚至出现死亡。按维生素的溶解性常分为脂溶性和

水溶性维生素两大类。脂溶性维生素包括维生素A、维生素D和维生素E等；水溶性维生素包括维生素B族和维生素C等。动物机体仅能合成为数极少的几种维生素，且数量有限，难以满足需要。由于肉鸽生长较快，且多采用舍饲或笼饲，阳光照射和青饲料的摄取量有限，因此肉鸽所需的维生素必须通过饲料和添加剂补充。

1. 维生素A

维生素A对保持鸽子的视力和黏膜的健全有重要作用，可增强机体抵抗力和促进生长，缺乏时幼鸽出现生长迟缓、发育不良、视力减退、黏膜干燥、消化障碍、繁殖力下降、神经机能紊乱症状。其中视力减退、眼结膜炎、眼球浑浊、夜盲、失明等眼疾是最典型的症状。

黄玉米中含有较多的维生素A；胡萝卜中含胡萝卜素较多，胡萝卜素可以转化成维生素A；鱼肝油、蛋黄和肝粉中维生素A含量也很丰富。当鸽群出现维生素A缺乏症时，可在20～30千克饲料中加入200克鱼肝油，并在保健砂中加入复合维生素，用量为每100千克保健砂中加入100克。

2. 维生素D

维生素D与鸽体内的钙、磷代谢有关，参与骨骼和蛋壳的形成。缺乏时，骨组织形成受阻，雏鸽出现生长发育不良，两腿无力，喙、脚及骨质变软，导致佝偻病；种鸽产薄壳蛋、软壳蛋及畸形蛋，产蛋减少，孵化率降低。维生素D包括维生素D_2和维生素D_3两种，维生素D_3的效能比维生素D_2高40倍。维生素D在鱼肝油中含量最多，青饲料中的麦角固醇、鸽的皮肤和羽毛中的7-脱氢胆固醇在阳光中紫外线的作用下，分别转化为维生素D_2和维生素D_3。

3. 维生素E

维生素E有助于维持生殖器官的正常机能和肌肉的正常活力，是体内的抗氧化剂，对动物消化道和机体组织中的维生素A具有保护作用。缺乏时，幼鸽生长缓慢，易发生脑软化症和渗出性素质病，种鸽产蛋率和种蛋受精率下降。维生素E在籽实饲料的胚芽中及青绿饲料中含量丰富。

4. 维生素K

维生素K是鸽维持正常凝血所必需的一种成分。缺乏时，凝血时间延长，导致贫血症。维生素K有4种：维生素K_1在青饲料、大豆和动物肝脏中含量丰富；维生素K_2可在肠道内合成；维生素K_3、维生素K_4是人工合成的饲料添加剂，用以补充维生素K的不足。

5. B族维生素

B族维生素的种类很多，其中维生素B_1是动物体内碳水化合物代谢所必需的物质，缺乏时神经机能受影响，易发生神经炎病症，如肌肉强直、瘫痪症。维生素B_1在糠麸、青饲料、胚芽、草粉、玉米、豆类、发酵饲料和酵母粉中含量丰富。

维生素B_2对动物体内氧化还原、调节呼吸起重要作用，在体内不能合成，因此极易缺乏。缺乏时，幼鸽生长缓慢，腿部瘫痪，行走困难，皮肤干而粗糙。种鸽产蛋孵化率低。豆科饲料及其草粉、大麦、麸皮、米糠、豆饼和酵母粉中维生素B_2含量较多。

泛酸（维生素B_3）是辅酶A的组成部分，与碳水化合物、脂肪和蛋白质代谢有关。缺乏时，幼鸽生长缓慢，羽毛粗糙，口、眼易发生炎症，种蛋孵化率降低。泛酸多存在于酵母菌、小麦和花生中。

烟酸（维生素B_5）参与体内各类营养物质的代谢。缺乏时，食欲减退，羽毛松乱无光泽，并有下痢现象。谷物饲料中烟酸含量较多。

维生素B_6参与体内代谢，缺乏时幼鸽生长停滞、皮肤发炎、死胚率增高。糠麸、苜蓿、干草粉和酵母中维生素B_6含量丰富。

胆碱（维生素B_4）是蛋氨酸等合成甲基的来源，对脂肪代谢有调节作用。缺乏时，幼鸽生长缓慢，易发生脂肪肝，种

鸽生产性能下降。饲料酵母、豆饼、米糠、麸皮、小麦等胆碱含量丰富。

叶酸（维生素 B_{11}）对羽毛生长有促进作用，与维生素 B_{12}共同参与核酸的代谢和蛋白的形成。缺乏时，幼鸽生长缓慢，羽毛生长不良。动物性饲料中叶酸的含量丰富。

生物素（维生素 B_7）参与脂肪和蛋白质的代谢，缺乏时，易患皮肤炎，骨骼畸形。一般饲料中均含有较多的生物素。

6. 维生素 C

维生素 C 与细胞合成有关，能增强机体免疫力，一般不会缺乏，但在应激状态下，应注意适当补充，否则，童鸽易出现生长停滞、体重减轻、出血等症状。

第二节　肉鸽的常用饲料

肉鸽的饲料主要是植物性饲料中的籽实类饲料，其中谷类籽实属于能量饲料，豆类籽实属于蛋白质饲料，矿物质饲料和青绿饲料用量相对较少。为了合理利用饲料，充分发挥各类饲料的营养作用，提高肉鸽的生产性能，降低饲料成本，应充分了解各类饲料的营养特点及饲喂要求。

一、能量饲料

能量饲料的主要特点是富含碳水化合物，含有少量脂肪，能量值较高，但蛋白质含量低，缺乏赖氨酸和蛋氨酸，此类饲料还缺乏维生素 A、维生素 D、胡萝卜素和某些 B 族维生素等。肉鸽常用的能量饲料主要有：

1. 玉米

玉米是肉鸽饲料的主要能量来源，含水分 12%～14%，粗蛋白 8.4%～9.8%，粗脂肪 3.5%～4.3%，粗纤维1.8%～2.0%，无氮浸出物 69%～71.5%，粗灰分 1.5%，消化率84%左右。

玉米缺乏色氨酸、赖氨酸、胱氨酸、烟酸等营养成分，饲喂时应与其他籽实或豆类饲料搭配使用。玉米在鸽子日粮中的比例可用到25%～65%，冬季可比夏季略多些。

2. 高粱

高粱含水量为10%～12%。因含有鞣酸，适口性略差。但其籽粒较玉米小，幼鸽比较喜欢采食。

高粱的营养特点为，粗蛋白质含量为11%～14%，粗脂肪2.5%～3.2%，粗纤维2%～3%，无氮浸出物68%～71%，粗灰分1.5%～2%，消化率为75%～80%。其缺点是缺乏维生素A，氨基酸不全面，含有鞣酸，应与豆类及其他谷物类饲料搭配使用。

高粱在鸽子日粮中的用量可占到10%～40%，夏季可多些，冬季可少些，幼鸽多些，种鸽少些，自由采食的以不超过15%为宜。

3. 小麦

小麦含水量10%～12%，具有较高的营养价值，在蛋白质、矿物质、维生素等方面比玉米含量高。其蛋白质含量12%～14%，粗脂肪1.5%～2.0%，粗纤维2.7%～3.2%，无氮浸出物65%～70%，粗灰分1.7%～2.0%，消化率82%～85%。其优点是氨基酸组成比其他谷类完善，B族维生素也较丰富，适口性好，在鸽子日粮中的比例可占到25%～45%。

4. 大麦

带皮的大麦粗纤维含量高，不易消化，适口性差，因此用作饲料时应先脱壳。脱壳后的大麦水分含量为9%～10%，粗蛋白质含量可达11%～12%，粗脂肪1.8%～2.0%，粗纤维2%～2.5%，无氮浸出物68%～73%，粗灰分2%～2.5%，消化率80%左右。

大麦在鸽子日粮中的比例通常不超过60%。

5. 稻米

以其加工程度可分为稻谷、糙米、白米和碎米。稻米在其

主产区，价格要比玉米便宜，因此我国南方地区多使用其作为饲料喂鸽子，其中以糙米和碎米最为常用。糙米在水分含量为13%～15%的情况下，粗蛋白质含量为8%～9%，粗脂肪1.5%～2.0%，粗纤维1.0%～1.5%，无氮浸出物70%～73%，粗灰分0.8%～1.0%，消化率80%～85%；碎米在含水量12%～13%的情况下，含粗蛋白10.3%，粗脂肪5.0%，粗纤维1.0%，无氮浸出物69.6%，粗灰分2.1%。

糙米、碎米或稻谷在鸽子日粮中的用量为20%～50%。

6. 荞麦

在含水量为8%～9%的情况下，粗蛋白含量为11.9%，粗脂肪2.4%，粗纤维10.3%，无氮浸出物63.8%，粗灰分2.0%，消化率64.4%。另外，荞麦的热量较高，适宜于冬季饲喂。荞麦籽粒小，鸽子喜欢采食，但因其产量低，所以不是鸽子的主要饲料。在日粮中的用量可控制在5%～10%。

二、蛋白质饲料

鸽子常用的蛋白质饲料主要是豆科植物的籽实，如豌豆、黄豆和绿豆等。这类饲料的共同特点是蛋白质含量丰富，占20%～40%，而且氨基酸均衡，富含磷，是养鸽业的主要蛋白质来源。

1. 豌豆

普通豌豆有好多品种，用作饲料时，首选籽粒较小而且价格低廉者。含水分10%～11%时，粗蛋白24%～26%，粗脂肪1.5%～2%，粗纤维5%～7%，无氮浸出物53%～54%，粗灰分2.5%～3.5%，消化率75%～80%。豌豆和玉米是被公认的养鸽业的支柱性饲料，但因其价格相对较高，所以在日粮中的用量一般不超过20%，以达到营养平衡为度。

2. 花生

用作饲料首选小粒花生，大粒的虽然时间久了，鸽子也能适应，但最好先破成半粒后再饲喂。花生的含水量为5.3%时，粗蛋白质30.5%，粗脂肪47.7%，粗纤维2.5%，无氮浸出物

11.7%，粗灰分2.3%。由于花生含脂肪和蛋白质较豌豆高，所以在鸽子日粮中的比例应低于豌豆，通常10%～15%。

3. 大豆

大豆的蛋白质含量较高，且价格相对低廉，所以用来搭配谷物类饲料最为适宜。

大豆含水分9%～10%时，含粗蛋白36%～37%，粗脂肪17%～18%，粗纤维4%～5%，无氮浸出物26%～27%，粗灰分5%～6%，消化率86%左右。实践证明，与豌豆相比，喂大豆的成鸽粪便不正常，仔鸽生长较差，因此在日粮中的比例最好不要超过10%，但如果炒熟可完全替代豌豆。

4. 绿豆

绿豆含水分11%～12%时，含粗蛋白23%～24%，粗脂肪1%～1.5%，无氮浸出物55%～56%，粗纤维4%～5%，粗灰分3%～4%。绿豆除了含有丰富的营养成分外，还有清热解毒作用，且籽粒大小适中，便于吞食，适口性好。若用绿豆全部代替豌豆将获得很满意的生产效果，但由于其价格较高，且来源少，所以一般只在夏季采用，其用量一般为5%～8%。

5. 火麻仁

火麻仁又称大麻籽，含有较高的蛋白质和能量。火麻仁含水分8%～9%，粗蛋白21%～22%，粗脂肪30%～31%，粗纤维18%～20%，无氮浸出物15%～17%，粗灰分4%～6%。火麻仁适口性好，鸽子喜欢采食，尤其是换羽期的鸽子，身体往往变得消瘦和衰弱，适当喂些火麻仁，有助于增强食欲，促进新羽长成。因为火麻仁喂多了，会引起鸽子下痢和神经兴奋性增高，因此日粮中的比例应控制在1%～5%，以起到健胃通便、光泽羽毛和振奋精神的作用。如没有火麻仁，以油菜籽、向日葵仁和花生仁代替也可以。

6. 饼粕类

饼粕类是油料籽实（主要有大豆、菜籽、棉仁、花生、向日葵仁、亚麻仁等）提取油脂后的副产品，营养价值因原料和

加工方法而异。这些饲料含蛋白质较高，常用作配合饲料的原料，经粉碎后与其他饲料混合，压制成颗粒饲料使用。

7. 面包屑和饼干屑

靠近面点加工厂的养殖场，可选择其代替部分谷类饲料，其在日粮中的比例可达 30%～40%，但饲喂时应注意保证其质量新鲜，发霉变质的不能饲喂。

三、青绿饲料

青草、菜叶中含有几乎所有的维生素，并且所含蛋白质比例较为理想，且含有酶类等物质，所以这类饲料是补充鸽子所需各种维生素的重要来源。

各种叶菜，如莴苣、甘蓝、菠菜、芸苔、白菜等都是鸽子喜食的青饲料。如果没有叶菜，绿萍和幼嫩的野草也可作为肉鸽的青饲料，如野菜、豆叶、树叶、麦苗等，只要无毒且鸽子喜食，均可作为青绿饲料投喂。

通常，每周给鸽子提供 1～2 次青绿饲料就够了。如果鸽子非常贪婪地吃青绿饲料，说明日粮营养不平衡，可增加饲喂次数或调整日粮。如果鸽子不理睬，可隔周喂 1 次或停喂。

青绿饲料要求新鲜、清洁、无毒、无霉变，可将其放在铁丝栅笼内任鸽子自由采食。

四、矿物质饲料

肉鸽矿物质饲料主要有食盐、贝壳粉、骨粉、石灰石和磷酸氢钙等。这些矿物质的作用主要是补充饲料中钙、磷等元素的不足。此外，根据需要还要补充铁、铜、钴、锰、碘、硫、镁、硒等元素的化合物。由于当前肉鸽的饲料多以原料形式供给，难以添加矿物质饲料，所以多以保健砂的形式补充矿物质的不足。

五、饲料添加剂

除前面提到的保健砂等外，饲料添加剂还有畜禽生长剂、维生素制剂、抗菌药、抗球虫药、氨基酸制剂等，必要时可以掺在饮水、保健砂、粉饵、颗粒料或谷物类日粮中喂给。添加饲料添加剂的作用是补充日粮中没有或不足的营养物质，促进仔鸽生长发育，维持成年鸽身体健康，预防某些疾病。

如果肉鸽生长良好，且饲料营养价值全面，保健砂配方合理，可不用添加饲料添加剂。

第三节　肉鸽的日粮配合

鸽子在一昼夜采食的各种饲料的总量称之为日粮，是依据鸽子的饲养标准制定的。

一、肉鸽的饲养标准

目前肉鸽的饲养标准是根据肉鸽营养需要和科学饲养实践，按肉鸽的年龄、生产水平规定的日粮中蛋白质、代谢能、无机盐、维生素等营养物质的最低需要量，以供鸽场配制肉鸽饲料时参考使用（见表 4-1、表 4-2）。

表 4-1　肉鸽的参考饲养标准

营养物质	青年鸽	非育雏期种鸽	育雏期种鸽
代谢能/(兆焦/千克)	11.7	12.5	12.5
粗蛋白质/%	13～14	14～15	17～18
粗纤维/%	3.5	3.2	2.8～3.2
钙/%	1.0	2.0	2.0
磷/%	0.65	0.85	0.85

表 4-2　肉鸽的氨基酸、维生素需要量（每千克日粮中含量）

营养物质	单位	需要量	营养物质	单位	需要量
蛋氨酸	克	1.8	亮氨酸	克	1.8
赖氨酸	克	3.6	异亮氨酸	克	1.1
缬氨酸	克	1.2	苯丙氨酸	克	1.8

续表

营养物质	单位	需要量	营养物质	单位	需要量
色氨酸	克	0.4	维生素D_3	国际单位	900
维生素A	国际单位	4000	维生素E	毫克	20
维生素B_1	毫克	2	维生素C	毫克	14
维生素B_2	毫克	24	生物素	毫克	0.04
维生素B_6	毫克	2.4	叶酸	毫克	7.2
尼克酰胺	毫克	24	泛酸	毫克	0.28
维生素B_{12}	微克	4.8			

二、日粮配合的原则

日粮配合是否科学是养好肉鸽的关键。只有满足鸽子不同生理阶段对各种营养物质的需要量，才能发挥肉鸽的生产性能，并获得较好的经济效益，因此应遵循以下原则：

(1) 以饲养标准为依据。目前，有关肉鸽的饲养标准未见报道，所有日粮的配合只是以一些经验配方或典型日粮为依据，日粮配好后，依据各类饲料的营养成分计算其蛋白质和能量水平是否在推荐范围内，只要能量和蛋白质合乎要求，其他营养成分基本能够满足需要。

(2) 控制饲料体积，防止粗纤维含量过高。肉鸽日粮的粗纤维含量应控制在5%以内。肉鸽每天需要消耗30～60克饲料，日粮的体积如果过大，将导致肉鸽营养不良，所以在选择糠麸和饼粕类饲料时，要充分考虑其使用量。

(3) 饲料种类多样化。不同的饲料其营养含量各异，在配制时如果种类单一，不但难以保证日粮的营养，而且不利于发挥各营养物质之间的互补作用。实践证明，3～4种植物籽实就可以起到平衡饲料的作用，但为广辟饲料来源，充分利用当地饲料资源，以低饲料成本，可用5～10种饲料配合鸽子日粮。

(4) 所用饲料必须做到新鲜、无杂质、无污染，不能影响鸽子的正常消化功能，防止发生饲料中毒性疾病。

（5）尽量利用当地产的饲料，以降低饲料成本，有条件的鸽场可自己生产部分饲料。

（6）保持饲料相对稳定。日粮配好后，应尽量保持稳定。因季节、货源、价格及生产水平等变化需要变更日粮时，应循序渐进，使肉鸽有一个适应过程，以免引起肉鸽患消化系统疾病。

三、日粮配合方法

肉鸽的日粮配制多采用试差调整平衡法，可按以下几个步骤进行：①根据肉鸽常用饲料和本地饲料资源情况，初步确定选用的原料所占的百分比；②从饲料成分表中查出所用各种原料的营养成分，用每种原料所含的营养成分（如代谢能、粗蛋白、钙、磷等）乘以所用原料的百分比；③把所得的各原料的同一项指标（如粗蛋白）相加，与饲养标准规定的营养需要进行比较，如不相符，应调整相应饲料的比例，直到其达到或接近肉鸽推荐的饲养标准为止。

四、日粮配合实例

下列各日粮实例取自我国广东、四川、昆明、香港等地，实际操作过程中可依据当地的饲料供应情况作相应调整：

1. 育雏期亲鸽日粮

（1）稻谷50%，玉米20%，小麦10%，绿豆或其他豆类20%；

（2）玉米30%，糙米20%，大麦10%，高粱10%，绿豆15%，豌豆10%，大麻籽5%；

（3）玉米45%，小麦13%，高粱10%，豌豆20%，绿豆8%，大麻籽4%；

（4）黄玉米35%，红黍20%，小麦15%，燕麦5%，豌豆20%，大麻籽5%。

2. 休产期亲鸽日粮

（1）黄玉米34%，高粱25%，小麦25%，大米5%，豌

豆10%，大麻籽1%；

(2) 玉米59%，高粱15%，小麦17%，豌豆3%，大麻籽6%。

3. 青年肉鸽日粮

(1) 玉米45%，高粱18%，小麦12%，豌豆20%，大麻籽5%；

(2) 玉米44%，高粱17%，小麦15%，豌豆18%，绿豆3%，大麻籽3%。

五、肉鸽采食量

肉鸽的采食量因品种、年龄、生理状况、生产水平、日粮品质、管理条件而异。

实践证明，白羽卡奴鸽休产期采食量最少，每天每只30～35克；5～8周龄断奶鸽食量最大，每天每只采食量55～66克；9周龄～6月龄的生长鸽次之，每天每只40～45克；成年鸽每年每对采食量约为41～45千克，若年产14只仔鸽，相当于每生产一只肉用仔鸽耗料3千克左右。肉用贺姆鸽成年亲鸽每年每对食量为43～44千克，以年产16.4只仔鸽计算，相当于每生产一只肉用仔鸽耗料2.8千克左右。

就商品鸽来说，生产1千克活仔鸽约耗料5.5～6.1千克，生产1千克光鸽约耗料7.51千克。

舍饲肉鸽品种中，每天每只的食量以其体重的5%～2%来计算给料，即可满足需要。

从季节方面看，冬季鸽子的采食量比夏季要大，喂保健砂的鸽比不喂的要省，采食全价日粮的鸽子，其采食量比采食非全价日粮的要省。

六、肉鸽颗粒饲料

颗粒饲料是按照畜禽实际营养需要或饲养标准，并采用科学方法配制加工而成的。常用的原料有谷豆籽实粉、油料籽实粉、糠麸、饼粕、蜜糖、鱼粉、血粉、肉骨粉、羽毛粉、干草粉、矿物质添加剂、维生素添加剂、合成氨基酸、酶制剂、抗菌驱虫药、生长促进剂等。颗粒饲料营养全面，适口性好，饲喂方便。与饲喂原粮的肉鸽相比，具有以下优点：

1. 能使亲鸽饲料中的粗蛋白质水平从原来的13％～15％提高到18％～20％，并可按照需要及时添加氨基酸、微量元素和多种维生素等，可防止鸽子出现挑食、偏食的习惯。

2. 由于颗粒饲料营养成分高，且容易被消化吸收，因此提高了产蛋率。乳鸽生长速度快，缩短了生产周期。

3. 使用颗粒饲料可以减少饲料浪费，节省饲料成本。

4. 方便饲养管理，提高工作效率，可以免去配制和添加保健砂的麻烦。

表4-3的颗粒饲料配方可供参考。

表4-3　肉鸽颗粒饲料配方　　单位：％

成　分	配方Ⅰ	配方Ⅱ	配方Ⅲ
玉米	40	45	50
高粱	—	6	—
大麦	15	10	5
小麦	5	—	—
麸皮	8	6	9
稻谷	5	3	3
豌豆	10	8	—
绿豆	3	4	3
大豆	3	—	1
糙米	2	3	7
苜蓿草粉	—	2	6
大麻籽	2	3	2
菜籽饼	1	4	5
磷酸氢钙	2	2	3
贝壳粉	1	1	1.5

续表

成　　分	配方Ⅰ	配方Ⅱ	配方Ⅲ
L-蛋氨酸	0.3	0.3	0.3
赖氨酸	0.2	0.2	0.2
禽用矿物质添加剂	1	1	1.5
禽用复合多种维生素	1	1	2
食盐	0.5	0.5	0.5
代谢能/(兆焦/千克)	10.8	9.8	10.3
粗蛋白质	12	12	12

第四节　保健砂的配制

饲喂保健砂的目的是补充矿物质和维生素的不足，并可刺激和增强肌胃收缩参与碾碎饲料，有助于消化吸收，解毒，促进生长发育与繁殖等。

一、保健砂的常用原料

(1) 贝壳类　主要作用是补充钙质。贝壳中钙含量为38%，磷 0.07%，镁 0.3%，钾 0.1%，铁 0.29%，氯 0.01%。使用时碾制成直径 0.5～0.8 厘米的小粒。

(2) 骨粉　主要作用是补充钙、磷、铁等。骨粉中含钙30.7%，磷 12.8%，钠 5.69%，镁 0.33%，钾 0.19%，硫 2.51%，铁 2.67%，铜 1.15%，锌 1.3%，氯 0.01%，氟 0.05%。

(3) 蛋壳粉　作为贝壳粉和骨粉的替代品，其作用与上述两种相似。主要含钙 34.8%，磷 2.3%。

(4) 石灰石　含钙 38%，主要作用是补充钙质及少量的微量元素。

(5) 陈石膏　含有较多的钙质，具有清热解毒和促进换羽的作用。

（6）河砂　主要作用是帮助肌胃对饲料进行研磨，便于肠道对营养物质的消化和吸收。保健砂中缺少砂粒易导致鸽子消化不良，降低饲料的利用价值。

（7）红土　必须是取自地面1米以下，无污染的红土。红土中含有铁、锌、钴、锰、硒等多种微量元素。

（8）木炭　能吸附肠道产生的有害气体，清除有害的化学物质和细菌等病原体，还有止血收敛的作用，一般用量控制在5%以内。

（9）食盐　主要成分是氯和钠，还含有少量的钾、碘、镁等元素。食盐具有增强食欲、促进新陈代谢的作用，是必不可少的补充物，其用量在2%～5%之间。

（10）氧化铁　主要是供给铁质，合成血红蛋白，促进血液循环，一般用量为0.5%～1%。

（11）添加剂　常用的添加剂有氨基酸、微量元素、多种维生素和某些中草药，其作用是补充日粮中缺乏的相关物质，其添加量可根据需要随时调整。

二、保健砂的配制

保健砂以自制为宜，加工方法为：取离地面1米以下未受任何污染的净土，晒干捣成细末备用。细砂选用无杂质的清洁河砂，贝壳、蛋壳洗净煮沸，晒干后捣碎。石灰石、石膏等清除杂质后捣碎。木炭、砖头用水冲洗干净，晒干后捣碎，然后按配方将原料充分混合。不加红土或添加红土较少的保健砂，可放入容器内任鸽子自由采食；添加较多红土的保健砂，可掺些水拌成小团粒，晒干后供鸽子取食。鸽子比较喜欢吃潮湿的保健砂，最好隔一段时间洒些水，以防止保健砂过干。一般一只鸽子每天大约采食保健砂10克左右。

三、保健砂配制举例

保健砂配方1：碎牡蛎壳45%，石灰石粒或小石粒40%，

骨粉 5%，石灰粉 5%，食盐 4%，红土 1%。

保健砂配方 2：细砂 61%，贝壳粉 31%，食盐 3.3%，木炭粉 1.5%，骨粉 1.4%，石膏粉 1%，明矾、甘草、龙胆草粉各 0.5%，二氧化铁 0.3%。

保健砂配方 3：红土 30%，细砂 25%，贝壳粉 15%，骨粉 10%，陈石炭、陈石膏、木炭粉、食盐各 5%。

四、使用保健砂的注意事项

正确使用保健砂，是保证其发挥作用的关键，因此，在应用中应注意以下几个问题：

1. 保健砂应现用现配，保证新鲜，防止其中的一些物质发生氧化、分解或发生不良的化学反应，以致影响功效。

2. 每天应定时定量供给，通常在上午喂料后供给，供给的量依据鸽子的生产状况略有调整。育雏期的亲鸽可多给些，非育雏期则少给些，通常每对亲鸽供给 10～15 克。

3. 每周应彻底清理一次剩余的保健砂，以保证质量。

4. 保健砂的配方应根据鸽子的生理状态、机体需要及季节等情况的变化而作相应调整，以适应生产实际的需要。

第五章 肉鸽的繁殖

第一节 鸽的选种

鸽子的繁殖过程是种群延续的关键，同时又是进行人工育种的前提。因此，为保证商品肉用仔鸽生产经营的成功，必须保证每对亲鸽生产最大数量的优质仔鸽。要达到这一目的，除了要有良好的饲养管理外，还要保证有优良的种鸽，因此，在选留种鸽时应充分考虑以下因素：

一、繁殖力

繁殖力是一种潜在的性能，是不可能预见的，这种性能具有遗传性，可通过育种手段加以提高。生产中常用的方法是根据多种性状进行频繁的淘汰和选择，比如留种时只留上一年成绩良好的种鸽，淘汰低产种鸽。经数代以后，优良种鸽的数量就渐占优势。

二、驯顺

驯顺是指鸽子性情安静、温顺。驯顺的鸽子在养鸽人走进其巢时，不会惊慌。具有这种性情的鸽子，无论公母，都会将大量的时间和精力用在孵蛋和哺育雏鸽上，极少看见这样的鸽子有打斗现象发生。性情温顺的鸽子通常产蛋窝数多，孵蛋好，育雏精心，无精蛋和破损蛋明显少于其他鸽子。

实践证明，一对种鸽中只要有一只有驯顺的性情，其后代无论雌雄都具有一定程度的这种特性，对这种鸽子如果进行精心选育的话，可取得较理想的成绩。

三、性成熟

从经验上看，性成熟稍早一些的鸽子，其繁殖性能较好，成年后能发育成稳产的鸽子，所以在选育高产种鸽时应注意这一点。

四、秋季不停产

鸽子在8～10月期间换羽，换羽期间，大部分鸽子会停产，但也有个别的鸽子在换羽期也能稳定地产蛋，这无疑是优良的个体。所以在留种时，要注意鸽子下半年的产蛋情况，如果有换羽期仍保持稳产的，一定要保留，否则要维持一对种鸽年产18～20只仔鸽的生产水平是绝对不可能实现的。

五、寿命和抗病力

不同个体的鸽子，其寿命是很不一致的。一对鸽子如果稳定地产蛋6年以上，说明其长寿，而且抗病力强。通常具有这种特性的鸽子都会将其遗传给下一代，所以，生产中应注重选留这类鸽子的后代作为种鸽。

六、胚胎成活率

在商品肉鸽场中，无精蛋、死胎蛋和雏鸽死亡的比例常常很高，但因其发生的分散性常不被重视。因此，在饲养过程中应作好记录，对这类情况发生比例较高的种鸽要及时淘汰。

七、育雏好

在选择产蛋多的种鸽时，也应注意其育雏能力。育雏能力强的种鸽，咽喉部位通常看上去较脏，且由其哺育的仔鸽生长得快；而育雏弱的种鸽则嘴和咽喉部较清洁，且由其哺育的仔鸽瘦弱，生长缓慢。后一类鸽子不适合留作种用。

八、利用年限

在商品肉鸽生产中，5～6 岁以上的种鸽应淘汰，并及时补充充满活力的青年种鸽，以降低生产成本。对于生产者来讲，一对商品肉用型种鸽，一年应生产 12 只以上的仔鸽，才能获得较高的经济效益。

第二节 鸽的选配

为了繁殖出所需要的后代，有意识、有计划地选取雌雄鸽使之配对，称为选配。鸽子经过选择和淘汰，选出优秀的个体或家系作为种鸽，而后通过雌雄鸽配对，把它们的优秀性状传给下一代。因此，选配是选种的继续。

选配前要做好种鸽的分群、分组工作。选择出来的种鸽，应根据记载将种鸽分为初鉴定群、已鉴定群和续鉴定群。分群后，再根据生产性能优良程度、特点、亲缘关系进行划分，以供编制配种方案用。

制定配种方案前应掌握种鸽的遗传背景、主要经济性状、品种或品系特点及亲缘关系等资料。了解育种工作的具体条件，明确育种目标，确定选择和鉴定步骤，注意配种双方的品质、等级、年龄及其优缺点，慎重考虑、估计和权衡利弊得失，制定选配方案。在选配方案拟好后，应努力保证其实施，作好有关记录，及时分析选配效果。

选配可以依据实际情况选用以下几种方法：

一、品质选配

品质选配是以种鸽的品质（如生产性能或某些经济性状等）为主要依据的选配形式。可分为同质选配和异质选配。

1. 同质选配

同质选配是指在同一品种或品系内选择具有相似的形态特

征、繁殖性能及经济性状的优良雌雄鸽进行配对，使后代保持和加强亲代原有的优良品质，增加后代基因的纯合型。

该方法的缺点是血缘关系较近，可能会使后代生活力下降，甚至可能使两个亲代的缺点积累起来，影响后代的种用价值。

同质选配可分为两种：

(1) 只根据个体表现，具有相似的生产性能和性状，并不了解双方谱系的配种称为表型同质选配。由于不了解亲鸽的基因型，其后代可能会出现两个极端分离的现象，无法实现同质选配的目的。

(2) 根据系谱、家系等资料，判断具有相同基因型的个体间的交配称为基因型同质交配，如近亲交配。

2. 异质选配

异质选配是在同一品种或品系内，选择不同优点的雌雄鸽进行配对繁殖。这种方法可增加后代杂合基因型的比例，减少后代与亲代的相似性。但不能简单地理解为是对亲代缺点的相互抵消或矫正。

异质选配也如同质选配一样分为表型异质选配和基因型异质选配两种。

二、亲缘选配

亲缘选配是考虑交配双方亲缘关系的一种选配。根据双亲的亲缘关系的远近程度，又可分为亲交、非亲交、杂交和远缘杂交四种。采用亲缘关系较近的亲交的目的是使鸽的遗传型稳定，使后裔有高度的同质性，与祖代相似。因此，为保持或巩固鸽群中某个优良个体的性状或特征，常选择与这个优良个体亲缘关系较近的异性个体与之交配，繁殖后代。长期的亲交会使后代的生活力、体质和繁殖力严重下降，因此，在鸽子的育种工作中，通常是在一些优良性状稳定后，立即改用非亲交甚至杂交。

三、年龄选配

考虑雌雄鸽年龄的选配称为年龄选配。用年老雄鸽与青年雌鸽配对，其后代多表现出母亲的特点优势。老年雌鸽与青年雄鸽配对，其后代多表现出双亲的特点优势。生产中常采用后一种配对方法。

第三节　肉鸽的繁殖技术

一、肉鸽的繁殖周期

肉鸽从交配、产蛋、出雏到乳鸽断乳这段过程称为一个繁殖周期，一个周期大约 45～60 天，可分为配合期、孵蛋期和育雏期三个阶段。

1. 配合期

将已经发育成熟的雌雄鸽子，按预定选配方案配对后关在一个鸽笼中，使它们产生感情，并交配产蛋，这一时期称为配合期。大多数种鸽都能在配合期培养出感情，并生产出后代，这一阶段大约需 10～20 天。

2. 孵蛋期

雌雄鸽配对成功后，两者交配并产下受精蛋，然后由双亲轮流孵化，这一过程大约需持续 17～18 天。

3. 育雏期

育雏期是指从幼鸽出生到其能独立生活这一段时期。乳鸽生出后，其父母随之产生鸽乳，共同照料喂养乳鸽。在乳鸽 2～3 周龄后，亲鸽会再行交配，产下一窝蛋，因此育雏期实际上是和下一个孵化期交织在一起进行的。整个育雏期大约持续 20～30 天。

二、繁殖前的准备

为保证孵出强壮的、最大数量的雏鸽，在繁殖前应认真全

面地检查种鸽的健康状况。如果种鸽患有疾病，会影响雏鸽的生长发育。因此在配对前15天，应给一些抗生素预防鸽的传染病，用驱虫药驱除寄生虫。群养鸽每周洗浴一次，并在水中加入适量的杀虫药，以驱除体表寄生虫。进鸽前还应对鸽舍内外环境进行全面消毒。前期工作准备好后，应着重安排以下工作：

1. 雌雄鉴别

雌雄肉鸽在外形上无太多区别，因此对其进行性别鉴定，不像其他家禽那么容易，根据实际需要，目前大致分为乳鸽雌雄鉴别、童鸽雌雄鉴别和成鸽雌雄鉴别三种。

(1) 乳鸽的性别鉴别

雄鸽：刚出壳数小时，如翻开肛门，可见其肛门两端略向上弯，中间有一个轮廓明显的小突起，且比较充实，血管充血。雄鸽出壳后通常生长速度较快，头粗大呈方形，上嘴短而阔，鼻瘤也较大，体躯肥硕，胸骨较长，脚粗壮。最后四根主翼羽的末端较尖，尾脂腺尖端不分叉。雄乳鸽的性情活泼好动，常喜欢离开巢盘，反应敏锐，亲鸽喂食时，常争先抢食。

雌鸽：出壳数小时至3日龄内翻肛，可见其突起不明显。在同一窝乳鸽中，一般表现为体型较小，生长较慢。头较小呈圆形，嘴长而宽，鼻瘤窄小，腿细，最后四根主翼羽末端较圆，尾脂腺尖端开叉，性情较雄鸽温顺。

(2) 童鸽性别鉴别法　在童鸽1～2月龄时，性别最难鉴别，主要从以下几点进行鉴别：

① 外观上，雄鸽头较粗大，嘴大而稍短，鼻瘤大而突出，颈骨粗而硬，脚骨较大而粗；雌鸽体型紧凑，头部较小，嘴长而窄，颈细而软，脚骨短而细。

② 用手提鸽时，雄鸽抵抗力强，叫声响亮；雌鸽温顺，叫声低沉。

③ 雄鸽双目炯炯有神，瞬膜闪动迅速；雌鸽双眼显得温

和，瞬膜闪动较慢。

④ 雄鸽羽毛富有光泽，主翼羽尖端较尖；雌鸽羽毛光泽度较差，主翼羽尖端较钝。

⑤ 三四个月龄以上的鸽子，雄鸽肛门闭合时，向外凸出，张开时呈六角形；雌鸽肛门闭合时向内凹陷，张开时呈菜花形。

(3) 成鸽的性别鉴别　上述童鸽的鉴别方法也适用于成年鸽，而且在成鸽时表现得更加突出。成年后的雄鸽常常追逐雌鸽，围绕着雌鸽打转，追逐时雄鸽颈部气囊膨胀，颈羽和背羽竖起，尾羽如扇形散开，且不时地拖在地面，头部频频地互动，发出“咕咕”叫声。雌鸽则表现文静，慢慢地走动或低头半蹲着任雄鸽接近。

2. 鸽龄的鉴别

掌握识别鸽子年龄的方法，对适时配对、繁殖和选择种鸽具有重要意义。鸽子的寿命可长达20～30年之久，最佳生育年龄为2～4岁，肉鸽可利用生产期约为5年。鸽子的年龄通常可以从嘴、鼻瘤、脚垫和羽毛等部位的情况来体现。

(1) 嘴甲　青年鸽的嘴甲较长，末端较尖，两边嘴角窄薄；成年鸽的嘴角较粗短，喙末端较硬滑，并且年龄越大喙端越钝，越光滑，两边嘴角的结痂厚而粗糙。结痂是由于哺喂雏鸽引起的，嘴角两边的结痂越大，说明年龄越大，2岁以上的鸽子，要是产仔多而且善于哺乳的话，嘴角多结痂；5岁以上的鸽子，张口时可以看见嘴角的茧子呈锯齿状。

(2) 鼻瘤　乳鸽的鼻瘤红润；童鸽浅红而有光泽；2岁以上的鸽鼻瘤已有薄薄的粉红色，较粗糙；4～5岁以上的鸽鼻瘤粉红，较粗糙。随着年龄的增长，鼻瘤的体积会稍有增大，逐渐出现一层白色角质层。

(3) 脚趾　青年鸽脚上的鳞片软而平，呈鲜红色，趾甲软而尖。鸽龄越小，脚越细，颜色越鲜艳；2岁以上的鸽，脚上

的鳞片硬而粗糙，颜色暗红，鳞纹较明显，趾甲硬而弯；5年以上的老鸽，脚上的鳞片突出，硬而粗糙，颜色紫红，纹路清楚明显，上面附有白色小鳞片，指甲粗硬而弯曲。

（4）脚垫　青年鸽脚垫软而滑，老鸽脚垫厚而硬，粗糙，常偏于一侧。

（5）羽毛　主翼羽主要用来识别青年鸽的年龄。鸽的主翼羽共10根，在2月龄时，开始更换第1根，以后13～16天左右顺序更换1根，鸽子约6月龄时，换至最后一根。鸽的副主翼羽12根，主要是识别成年后的年龄，副主翼羽每年按从里向外的顺序更换1根，更换后的羽毛颜色稍深，并且干净整齐。

3. 鸽的配对

满6月龄的童鸽，性器官及身体的各种机能已经健全，可以进行配对繁殖。留作种用的肉鸽应身体健康，发育良好，不带任何遗传疾病，应具有完整的种鸽档案，并要求具有与育种目标一致的特征。选好种鸽后，依据一夫一妻制的繁殖习性，两两配成对。鸽子配对大致有以下两种方式：

（1）自由配对　分大群自由配对和小群自由配对两种。大群自由配对就是在一群鸽中，事先准确地鉴别雌雄鸽，使其公母数量相等，年龄大小相同或相近，任其自由寻找配偶。这种配对法较为省工，但整群完成配对所需时间较长。

小群配对是指在鸽场设有专用的几平方米面积的配对鸽舍，有目的、有计划地把雌雄鸽分成小群放入，任其自由配对。此种配对方法可明显缩短配对时间，适合于育种工作。

（2）人工配对　人工配对可以防止近亲繁殖，避免早配，同时可以根据需要进行配对。方法是选择合适的一对种雌雄鸽，放在同一个配种笼中，开始时在笼中间用铁丝网隔开，通过相望，建立感情，彼此无斗架现象时，可以抽出隔网，配对即告成功。不同品种肉鸽的配种期与体重要求见表 5-1。

表 5-1 不同品种肉鸽配种期与体重要求

品　种	适配周龄	雄鸽体重/克	雌鸽体重/克
石岐鸽	26～30	680～800	650～770
王鸽	26～30	730～850	680～800
蒙丹鸽	26～30	800～900	740～850
贺姆鸽	22～26	680～770	620～700
鸾鸽	35	1190～1250	960～1030

注：本表引自葛明玉，程世鹏．肉鸽养殖与疾病防治．北京：中国农业大学出版社，2000.

三、繁殖年限

肉鸽的繁殖年限一般是 4～5 年，其中 2～3 岁是繁殖力最为旺盛的时期，此间的肉鸽产蛋数量最多，后代的品质也比较优良，适合留作种用。5 岁以上的种鸽繁殖性能开始减退，除个别优秀个体外，均不提倡继续留作种用。

四、繁殖行为

雄鸽性成熟后，会表现出各种求偶行为，此时可选择与其适龄的雌鸽配对。配对成功后，便开始筑巢、交配、产蛋和孵化等一系列行为。

1. 筑巢

鸽子配对成功后，便开始筑巢。交尾后到产蛋前，鸽子会把茅草或羽毛衔到巢盘内筑窝。群养鸽舍内可用箩筐装上10～13 厘米长的柔软稻草或干草，让鸽自由衔草筑巢。饲养人员最好事先在巢盘内放一层短稻草，以诱使种鸽尽早筑巢产蛋。

2. 产蛋

产蛋前，雌鸽常蹲伏在巢盘内恋窝。雄鸽频繁地飞出舍外衔草垫窝，雌雄鸽接吻和交尾的次数也明显增加。通常雌鸽一窝产两枚蛋，产下第 1 枚蛋后，通常间隔 48 小时左右再产下

第2枚蛋。产蛋时间多集中在下午。2枚蛋产完后便正式孵蛋。生产者如果不需要幼鸽，只需鸽蛋，可将两枚蛋取出，过7～8天后，雌鸽便会产第2窝。为保证2枚蛋的孵化时间一致，可在鸽产下第一枚蛋后，先将其取出，待第2枚蛋产下后放回，让种鸽孵化。

3. 孵化

鸽子具有自然孵蛋的本能，通常孵化任务是由双亲共同完成的。雄鸽一般是从上午10时入巢孵蛋，下午4～5时离巢，其余时间则由雌鸽孵蛋。孵化时，鸽子的精神非常集中，对外界的警戒心也特别高，所以应尽量保持鸽舍环境安静，避免人为打扰，让鸽子安心孵化。对于孵化期在外活动的亲鸽，不必人为干扰，因为它们知道如何调节孵化温度。在此期间，亲鸽将大部分精力用在孵蛋上，采食频率及采食量均较平时大幅度减少，因此，要适当提高饲料的营养水平，粗蛋白含量应在18%～20%，以便亲鸽获得足够的营养，为雏鸽的出生准备鸽乳。

孵化后的第4～5天，要进行第1次照蛋。此时发育正常的胚蛋内有蛛网状血管，且分布均匀，无精蛋透明，死精蛋则会有一条不清晰的血线；孵化到第10天，进行第2次照蛋，此时发育正常的胚蛋一端发暗，血管固定不动，另一端则气室明显，可见红色血管；死胚蛋则内容物呈水状流动，蛋壳呈灰色。对无精蛋、死精蛋和死胚蛋，都应及时捡出。如果有相同日龄的单蛋，可将其两两合并，以促使无孵化任务的种鸽早日产下一窝蛋。

在检查种蛋时，最好是右手戴手套，以防止被鸽啄伤手背，取蛋时手心朝下将蛋取出，防止鸽啄手时将蛋啄破，检查后发现发育正常的种蛋应轻轻放回蛋巢中，手法与取蛋时一致。

第2次照蛋后7～8天，孵化正常、发育良好的幼雏便开始出壳，通常大部分雏鸽都能自主破壳。对个别的孵化期满

18天，无力自主破壳的雏鸽，可人工实施助产，但助产时若发现血管未萎缩应停止操作，放回原处继续孵化。

五、肉鸽繁殖时的注意事项

刚配对上笼生产的鸽，应注意检查下述问题：

1. 有无同性合笼现象

由于雌雄鸽的性别鉴定有一定困难，有时难免会将两只同性别的鸽子放在一个繁殖笼内，因此，人工配对后要注意观察。如果配对后发现两者经常打架或两者低头、鼓颈、互相追逐，并有“咕咕”的叫声，则可能全是雄鸽。有时因疏忽将两只雄鸽关在一起，它们也能和睦相处，有时甚至有交配动作和爱抚行为，但长时间未见产蛋，可怀疑两鸽有“同性恋倾向”，应及时拆开重新配对。如果配对后，连续产蛋3～4枚，则可能全为雌鸽。对错配的鸽要及时拆开重配。

2. 有无雌鸽不成熟或恋旧现象

有些种鸽虽然是雌雄配对，但两者感情不和，常表现为雌鸽对雄鸽有抵触情绪。这时应检查雌鸽是否成熟，若未到适配年龄，应及时调换适龄雌鸽。也有可能是两者之一在配对前已有心仪的对象，对眼前的对象没有感情，出现这种情况时，可先让它们培养感情。方法是：在笼的中间放一个铁网，将两鸽隔开，使彼此可以看到，大约经过3～4天便可培养出感情来，待发现雄鸽发出“咕咕”声，雌鸽频频点头回应时，可将隔离网抽出，让其面对。如果经过1周两者仍未出现上述表现，就必须调换雌雄鸽，重新配对。

3. 产蛋是否异常

通常情况下，鸽子每窝产蛋2枚，若雌鸽卵巢发育不良，或在某一时期，因某些疾病、应激等因素的影响也会出现产1枚蛋的情况。对于低产者或产畸形蛋者应及时分析原因，若为遗传性的应及时淘汰，若为营养不足或应激等因素引起的应及时查明原因，及早解决。

个别种鸽也会产下沙壳蛋或软壳蛋等畸形蛋，多是由于日粮中钙磷比例失调或钙、维生素D不足所致，应及时调整日粮营养水平。有时高温、疾病等也会引起此种现象的发生。

产无黄蛋者，多是由于雌鸽患有生殖系统疾病，如有输卵管炎症时，黏膜上皮组织、血块等异物下移，刺激输卵管的相应部位，形成无黄蛋。当消除这些异物源以后，雌鸽就可恢复正常产蛋。

产双黄蛋一般多发生在产蛋高峰期，日粮营养水平较高时。原因可能是卵巢内两个成熟的卵细胞几乎同时排落于输卵管所致。另外，年轻种鸽或新配种鸽产的前3窝蛋，孵出的幼鸽体质、生产性能等都比后几窝孵出的幼鸽好，因此，应尽量保留前几窝种蛋。

4. 有无踩破蛋或不孵蛋现象

初产鸽情绪不稳定，性格较烈，或是由于鸽有恶习常踩破蛋，或弃蛋不孵，或者频繁离巢，导致孵化失败。此类现象多是由于环境不安静或饲料缺乏所造成的，这时应调换鸽笼，或改变其生活环境，并注意其在新的生活环境中有无改变，若无改变，应予以淘汰。

5. 公母比例是否适宜

在群养鸽中，如果公多于母，鸽群便会因争偶而出现打斗现象。导致雄鸽受伤或交配失败。无论雄或雌偏多，都会造成无精蛋及破损蛋增多。因此，自由配对的群养鸽应雌雄比例适宜。避免密度过大和数量过多，并要有足够的产蛋巢，对未能配对的鸽子要提出来人工配对。

6. 巢盆内是否有垫草

无垫草或垫草少，易使种蛋破损。巢盆的位置要固定，以免种鸽因争巢而打架，同时巢盆要放稳，以避免摔坏种蛋，或摔伤、摔死幼鸽。

7. 幼鸽有无发育不良或停止生长现象

种鸽如果繁殖期过长，长期处于疲乏状态，体力不支，就会疏于哺育幼鸽，导致幼鸽生长缓慢、发育不良；某些初产鸽，也会由于缺乏经验，导致以上情况发生。因此，要合理安排种鸽的繁殖周期，让其有休养的机会，并注意日粮营养全面，水量充足，必要时要适当补充一些营养药物，或将雌雄鸽隔开几天，以促使其体力恢复。

六、保姆鸽的选择和使用

在养鸽实践中，常会遇到一些血缘优良的种鸽，虽然产蛋能力也很强，但不善于孵化和育雏，为使亲鸽的优良性状能够延续，便会利用保姆鸽代为孵化育雏；有时养鸽者从市场获得优良种蛋或幼鸽时，也需为其找临时保姆鸽；或孵蛋期间亲鸽之一发病、死亡或失踪，也可以找保姆鸽代替孵育工作。此外，有些亲鸽，尤其是初产鸽常在笼内不太安分，常踩破种蛋，某些大型肉用鸽种也常有此类现象发生，解决的最好办法就是用保姆鸽来代替它们孵化和哺育，从而提高鸽蛋的出雏率和仔鸽的成活率。如果雏鸽出壳后有一只死亡了，可将其与其他日龄相当的幼鸽合窝，以便亲鸽提前繁育，这也属于应用保姆鸽的一种形式。

1. 保姆鸽应具备的条件

一般来说，保姆鸽除应身体健康、精神状态良好外，还应符合以下几点要求：一是年龄在1～5岁之间；二是有较强的孵化、育雏能力；三是其所孵化的蛋或哺育的乳鸽应与被代孵的蛋或被哺育的乳鸽日龄相近。由于充当保姆鸽的鸽子，要选择正在孵化或育雏的亲鸽，这对于小型饲养场来讲有一定的困难，因为种鸽数量少，两对产鸽同时产蛋或哺育日龄相近的情形不多，所以，鸽子第一次产下的两枚蛋，最好由它们自己孵育，以保持鸽子本身的特性。只有在第二次产蛋以后才可以考虑用保姆鸽代劳。

2. 代孵蛋或代哺育乳鸽的处理

保姆鸽找到后，将要代孵的蛋或代哺乳鸽拿在手里，手心

向下，手背向上并稍向保姆鸽，以防止种蛋或幼雏被其啄伤或啄死，然后分散其注意力，待其不备时轻轻将蛋或乳鸽放入巢中，操作时动作一定要轻且快。这样，保姆鸽就会把放入的蛋或乳鸽当作是自己的，继续孵化或育雏。通常每只保姆鸽一窝可孵 2 枚种蛋或 2 个仔鸽。如果超过 2 个，会导致营养不良，鸽乳分泌不足，影响孵化效果或仔鸽生长发育。

如果保姆鸽的巢盆中已有一只仔鸽时，后放入的仔鸽的年龄最好与之相同或略大 1～2 天。因为保姆鸽对原巢盆中的仔鸽比较熟悉，哺育时会有所偏爱。放入仔鸽日龄稍大些，才能争到鸽乳，如果比原巢中的仔鸽小，往往会因争不到食物而导致发育迟缓。

第六章 肉鸽的饲养管理

饲养管理的好坏，直接关系到肉鸽养殖的成败，为提高肉鸽的生产水平，除了供应优质的饲料和制定合理的日粮，以满足鸽子的营养需要外，还要采取先进的饲养管理技术，制订并遵照科学的饲养管理规程，才能达到增产增收的目的。

第一节 常规饲养管理

一、肉鸽饲养阶段的划分

肉鸽的饲养管理过程中，从小到大虽然是一个连续过程，但在其生长发育过程中各阶段的生理特征有一定的差异，要求在每个阶段的饲养管理上也各有侧重。因此，根据肉鸽的生长发育特点和生产实际的安排，可人为地将其划分为乳鸽期（0～1月龄）、童鸽期（1～2月龄）、青年鸽期（3～6月龄）和种鸽期（6月龄以上）。

二、饲养管理的一般原则

肉鸽各阶段的饲养管理技术虽然各有侧重，但在日常管理中的基本要求是相同的，在实际操作中应遵循以下几点：

（1）保证生活环境的舒适性　环境条件不仅影响鸽子的健康，而且影响其生产性能的发挥。影响鸽子生产性能的环境因素包括：温度、湿度、光照、密度、噪声和粉尘等。虽然鸽子对各种因素有一定的耐受力，但如果超过其耐受能力，就要影响其生产和健康。因此，必须注意调节鸽舍的温度、湿度、通风和有害气体的含量这四项指标，做到冬暖夏凉、干燥清洁，

保证有害气体的浓度必须降至不危害肉鸽的生长发育和健康的指标之内。

（2）注意观察鸽群的动态　鸽子有疑惑、恐怖、悲哀、患病、口渴、饥饿、愉快和求偶等多种动态表现。对于这些表现都要加以细致的观察，从完善饲养管理入手，并满足它们的欲望和要求，使其发挥各项生产潜能。

（3）坚持少喂勤添的喂料原则　少喂勤添可以刺激鸽子的食欲，使亲鸽能够获得充足的营养，避免鸽子挑食，减少饲料浪费，促使鸽子运动。

（4）喂料要定量、定时　肉鸽每天采食量一般占其体重的1%左右，冬季和哺乳期会略有增加。这些饲料量应分不同时段平均投喂。通常，哺乳期早 8 点、中午 11 点、下午 3 点和 5 点、晚 9 点各投喂一次。青年鸽每天上午 8 点和下午 3 点各投料一次，每只鸽每次投料 15～20 克。

（5）及时添加保健砂　大群养鸽时，将保健砂放在高燥阴凉之处任其自由采食，笼养肉鸽要另放保健砂杯或放在食槽的另一头，用隔板隔开。肉鸽采食保健砂的量为采食量的 5%～10%。保健砂要保持湿润、不糊口，为确保其有效成分不被破坏污染，要 5～7 天更换一次。

（6）经常洗浴　洗浴会使鸽子的羽毛清洁，防止体外寄生虫侵袭，刺激体内生长激素的分泌，促进肌肉生长发育。天气暖和时每天洗浴 1 次，炎热的夏天洗 2～3 次，天气寒冷时每周洗浴 1～2 次，有运动场的青年鸽和成年亲鸽，可在运动场一角做一个浴池，池的大小依据鸽的数量而定，一个长、宽、高分别为 100 厘米、100 厘米和 150 厘米的浴池，可供 100 只鸽子轮流洗浴。用于洗浴的水最好是流水，始终保持池水清洁。笼养亲鸽可在笼的上方接一个淋浴喷头，每天定时打开喷头淋浴，每次持续时间 10 分钟左右。值得注意的是，正在孵蛋和哺育 10 日龄以内乳鸽的亲鸽不宜洗浴。

（7）亲鸽应补充光照　光照会刺激性激素的分泌，促进精子的成熟与排出，而且晚上给予适当的光照，亲鸽能够正常采食和喂乳。因此，亲鸽每天的光照时间应不少于 16 小时，必要时要补充人工光照。人工光照可用光线柔和的日光灯或普通白炽灯，为方便控制应选用可定时的自动开关。

(8) 定期消毒和防治疾病　做好环境卫生是预防疾病的重要措施，尤其是地面平养的鸽子需要每天清扫鸽舍，水槽和食槽要每天清洁一次，每周消毒一次，被污染的巢盆、垫料等要及时洗换。笼养鸽的鸽舍、笼具等在进鸽前，要用福尔马林和高锰酸钾彻底熏蒸消毒一次，舍外阴沟每月用生石灰、漂白粉或敌敌畏喷洒一次，对常见的鸽病要制定预防措施，发现病鸽要及时隔离治疗。

(9) 保持鸽舍的安静干燥　鸽舍周围环境嘈杂会严重影响鸽群的正常生活，诱发某些疾病，因此要十分注意保持鸽舍及周围环境的安静。鸽舍外的排水沟要经常疏通，防止地面潮湿，为鸽子创造良好的生存环境。

(10) 作好生产记录　生产记录反映了鸽群的动态，为指导生产，改善经营管理以及选种留种提供依据。生产记录的主要内容有：种鸽的配对日期和体重；亲鸽的产蛋量、破损率；种蛋受精率、孵化率；孵化出雏日期及数量；青年鸽的成活率、合格率和病残率等；每天采料量、饲料和保健砂的配方；预防和治病的情况等都要有专门的表格或详细记录。

第二节　乳鸽的哺育

鸽子属于晚成鸟，出生时眼睛不能睁开，体表羽毛很少，体温调节功能不完善，所以初生雏必须依赖亲鸽的体温来保温。另外，乳鸽的消化机能尚未发育完善，必须用亲鸽嗉囊所分泌的鸽乳哺育才能存活，尤其是 10 日龄以前的乳鸽。乳鸽生长快速，如果此时亲鸽的日粮配合不当或缺乏保健砂，会导致乳鸽生长发育迟缓。

一、乳鸽的生长发育特点

乳鸽的生长速度很快，4 日龄时可睁开双眼，10 日龄左右可以慢步行走，2 周龄时其体重约为出生时的 20 倍左右（如王鸽出壳时体重仅 16～22 克，1 周龄时达 147 克，2 周龄时 378 克，3 周龄时 446 克，4 周龄时 607 克，30 日龄时 610 克）。

刚出壳的乳鸽，身披一层黄色的绒毛，5 日龄左右，翼部和尾部的皮肤表面出现大的羽管；1 周龄时，嗉囊两侧羽区，背鞍部的两条羽带，胸腹及大腿两侧和胫骨中部等处的皮肤上，隐约可见有羽鞘露出；11～12 日龄，主翼羽和副翼羽的羽鞘开始破裂而形成羽片；2 周龄时，头部和颈部背侧的羽管长出，此时，除头部和嗉囊外，其他部位的绒毛逐渐开始脱落；3 周龄，头、背的羽鞘破开，鸽体表面披满羽毛，生长速度最慢的翼部内侧及其所掩盖的身体部位，此时也长出了羽管，由于嗉囊羽区和胸腹两侧羽带的羽毛增长，使孵育斑裸露的面积变小；4 周龄时，除头颈部有少量绒毛外，其他部位均已脱落，翼部内侧及其所掩盖身躯部的羽鞘破裂散开，除脐部及小裸区外，胸腹部全部披覆羽毛；5 周龄时，全身羽毛都形成了羽片，第 10 根主翼羽的羽根上部还带有血色；至 38 日龄左右，血色退化消失并完全角质化。

二、乳鸽的自然育雏

刚孵出的乳鸽靠取食亲鸽嗉囊中分泌的鸽乳获取营养，雌雄鸽均能分泌鸽乳。鸽乳的分泌是在鸽体内催乳激素的作用下，由嗉囊内的上皮细胞形成的，而催乳激素的产生是由亲鸽的孵化行为引起的。经研究表明，大约孵化至第 8 天，种鸽嗉囊的上皮开始加厚，到第 13 天，嗉囊上皮明显加厚，并且血管也延伸增长至上皮内，到 14 天开始分泌鸽乳。到第 18 天出雏时在嗉囊内可见到粉红色的肌肉，这些肌肉在此后一周内逐渐消退。出雏后的第10天基本停止分泌鸽乳。停止分泌鸽乳后，双亲改用籽实类饲料喂乳鸽。

1. 哺乳

乳鸽出壳后3～4小时，就能将嘴向上抬起，插入亲鸽嘴内，亲鸽用口对口的方式将鸽乳吐喂给乳鸽。出壳几小时至4日龄的乳鸽，亲鸽喂给稀烂的鸽乳；5～7日龄，亲鸽所吐喂的鸽乳较稠，并夹杂有经过软化发酵后的小颗粒谷物或饲料；8日后鸽乳逐渐减少，原粒谷物、豆类饲料增多；10日龄后，亲鸽喂给在其嗉囊内稍经浸润过的谷豆籽实。由于此时乳鸽对新食物尚未适应，可能会出现积食和消化不良，甚至出现咽炎、嗉囊炎、肠炎等症状，严重者可能会死亡。因此，10日龄左右是饲养乳鸽的关键时期，日常管理中一定要勤观察，发现问题及时采取措施。为预防起见，在乳鸽10龄前后2～3天可每天喂给半片或小半片酵母片一类的健胃消化药，并给亲鸽喂给经浸透晾干的饲料。到20日龄左右，亲鸽开始产下一窝蛋，因此，为使乳鸽尽快适应日后的独立生活，亲鸽对其饲喂次数及饲喂量逐渐减少，乳鸽也开始自己学习啄食饲料。个别依赖性过重的乳鸽，亲鸽会表现出一定的驱赶行为。每只乳鸽日平均受喂量见表6-1。

表6-1　每只乳鸽日平均受喂量　　单位：克

日龄	日受喂量	日龄	日受喂量	日龄	日受喂量
1	7.1	11	72.5	21	59.1
2	10.0	12	71.4	22	47.2
3	17.8	13	76.4	23	53.4
4	24.6	14	75.0	24	56.9
5	43.6	15	73.9	25	43.4
6	45.1	16	85.4	26	49.8
7	45.3	17	80.7	27	49.2
8	48.6	18	68.2	28	32.5
9	56.3	19	68.3	29	26.8
10	75.7	20	66.3	30	26.4

也有个别亲鸽在上一窝出壳才15～18天就接着产第二窝

蛋。遇到这种情况，要细心观察，若发现亲鸽弃乳鸽于不顾，要对被弃乳鸽及时进行人工灌喂，以减少损失。乳鸽配合料营养要全面，一般能量饲料3～4种（如玉米、稻谷、大麦、高粱、小米或荞麦等），约占75%～80%；蛋白质饲料1～2种（如黄豆、蚕豆、绿豆、豆饼、棉籽饼、菜籽饼、芝麻饼和花生饼等），约占20%～25%。另外添加适量的矿物质饲料，如贝壳粉、蛋壳粉、骨粉、木炭粉、红土、砂粒和食盐等。饲喂前将所用饲料按配方混匀后粉碎（细砂除外），然后加入少量水捏成小粒，晒干备用。通常每只乳鸽每天喂3～6克。

2. 自然育雏的要点

（1）注意保持育雏环境的清洁干燥　整个育雏期乳鸽都生活在巢盆中，所以要求巢盆干燥舒适，冬暖夏凉，巢盆要深浅适中，既要方便清洁，又能使乳鸽将粪便排出巢外。每次出雏前，饲养员要及时清洁巢盆，用清洁干燥的软草作垫料。

（2）预防疾病　2周龄后的乳鸽采食量增加、生长迅速，此时若饲养管理不当，易发生消化道疾病，若不及时治疗会导致乳鸽生长不良。在育雏期乳鸽还容易发生佝偻病，生长慢，体小畸形。所以此期要特别注意日粮的质和量，每天要供给亲鸽新鲜、充足的保健砂，使乳鸽获得所需营养物质及砂砾，促进骨骼的生长和提高肌胃的消化力。

（3）保持乳鸽生长的一致性　同一窝的两只乳鸽往往由于鸽蛋的大小、出雏的早晚或体质的强弱不同而导致乳鸽生长不一致，解决的办法是将日龄相近的不同窝的乳鸽相互调换，使其大小一致；或是对一窝中个体较小的乳鸽进行人工补喂，每天补喂1～2次，也可以补喂大的一只而让小的那只乳鸽得到双亲的充分哺育，使其体重尽快赶上来。如果中途出现个别乳鸽死亡，一窝仅剩下一只时，应将其及时与其他窝日龄相近的单只乳鸽并窝，使无乳鸽哺乳的一对亲鸽及早产蛋。

三、乳鸽的人工育雏

人工孵化的乳鸽，整个哺喂过程全由人工进行，这样亲鸽可省去自然孵化和自然育雏的繁重劳动，仅负责产蛋。

1. 保温

将刚出壳的乳鸽放入育雏器中，因刚出壳的乳鸽不具备体温调节能力，因此育雏前期必须注意保温。第1周龄育雏的温度为35～36℃，第2周龄保持在27～34℃之间，15日龄后逐渐过渡到20℃左右的室温。

2. 哺育饲料的配制

乳鸽日龄不同，饲料的配方也不同。乳鸽1～2日龄时，可用新鲜的消毒牛奶、葡萄糖及消化酶加入水中，调成糊状人工鸽乳饲喂；3～4日龄时用新鲜消毒牛奶或奶粉加入熟鸡蛋黄、葡萄糖及蛋白消化酶等制成稠状人工鸽乳饲喂；5～6日龄时，可在稀粥中加入奶粉、葡萄糖、鸡蛋、米粉、多种维生素及消化酶制成半稠状鸽乳饲喂；7～10日龄，可在稀饭中加入米粉、葡萄糖、奶粉、面粉、豌豆粉及消化酶、酵母片，制成半稠状流质乳液饲喂；11～14日龄，用米粥、豆粉、葡萄糖、麦片、奶粉及酵母片等，混合成流质状料饲喂；15～20日龄可用玉米、高粱、小麦、豌豆、绿豆、蚕豆等磨碎后加入奶粉及酵母片，配制成半流质的饲料饲喂；21～30日龄可用上述原料磨成较大颗粒的料，再用开水制成浆状饲喂；30日龄后，可放些玉米、高粱、豌豆等原料让鸽慢慢地啄食，经1～3天适应后，鸽子就会根据需要自己采食了。

3. 人工哺育室的要求

要求哺育室要有保温和通风换气设备，能防鼠、防蛇、防蚊蝇侵入，室内有育雏架，架上方设育雏盆，盆内用2～3厘米的砻糠或细砂、短麦秸等作为垫料。垫料应清洁干燥，每个盆内养2只乳鸽。

入雏前，育雏室和用具一定要彻底清洗和消毒。育雏温度

以育雏室或育雏盆（笼）上方的温度为准。入雏第 1 天温度保持在 38℃，以后每天降低 0.5℃，降到 25℃就一直保持到出雏为止。育雏室湿度控制在62%～68%。

4. 哺育设备的种类及设计

（1）气筒式哺育器　用塑料制消毒喷雾器改成哺育器，容量较小，每次可喂 1～2 只乳鸽，需 2 人操作，适合于小型鸽场采用，如图 6-1（a）所示。

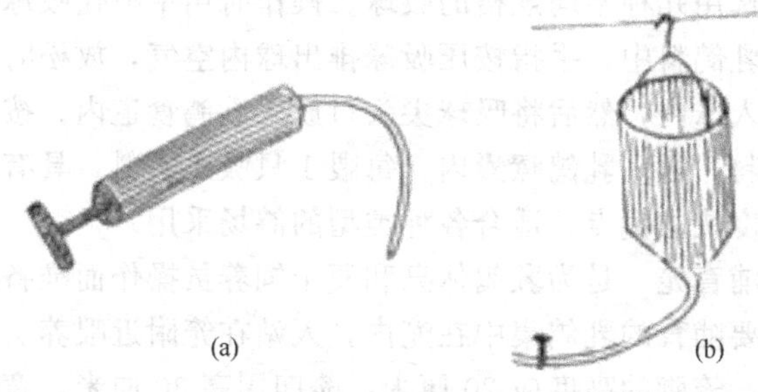

图 6-1　哺喂器

（a）气筒式哺育器；（b）吊桶式灌喂器

（2）吊桶式灌喂器　用一只漏斗或吊桶，下面接 1 米长左右的胶管，吊在一个能水平滑动的钩子上，用夹子夹住出口控制出料，如图 6-1（b）所示。这种灌喂器的结构简单，容量大，适合于大、中型鸽场采用。

（3）脚踏式填喂机　可用鸭子填喂机改装而成，如图 6-2 所示。因为人工鸽乳含水量大，所以所用材料必须防锈，否则容易生铁锈，影响乳鸽健康，也容易使机械失灵，造成使用困难。这种填喂机操作方便，可双人或单人操作，喂料速度快，饲喂量可控，适合于大、中、小型鸽场使用。

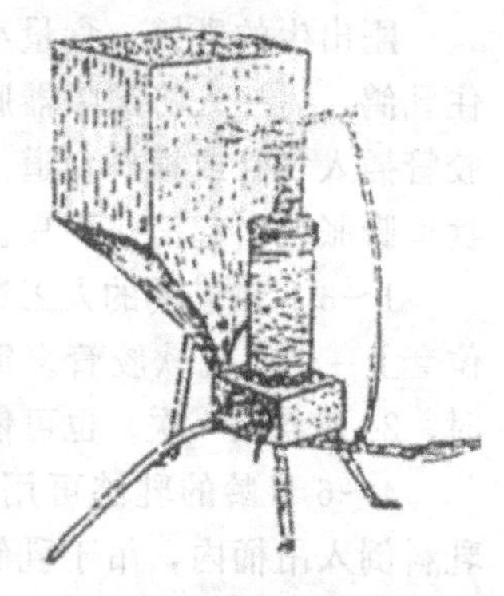

图 6-2　脚踏式填喂机

(4) 胶罐式灌喂器　将矿泉水瓶或饮料瓶洗涤干净，罐口套上合适的软塞和软胶管，喂时，先装入乳鸽料，盖上软木塞即可灌喂。此装置的优点是材料来源广泛，无需过多成本，但容易损坏，一次只能喂1～2只乳鸽，适合于小型鸽场和个体户使用。

(5) 吸球式灌喂器　目前较为常用的就是这种灌喂器。吸球在化学试剂商店或化工商店均可买到。在实际应用时，可按乳鸽日龄选用几种不同规格的吸球。操作时用手抓住吸球，插入配好的乳鸽料中，手指按压吸球排出球内空气，放松时就可将鸽料吸入球内，然后将吸球尖头口放入乳鸽食道内，按压吸球挤出鸽料，送入乳鸽嗉囊内。每喂1只吸1次料，具有操作简单、速度快的优点，适合各种类型的鸽场采用。

(6) 哺育笼　是为乳鸽休息和便于饲养员操作而准备的装置。将需要哺育的乳鸽集中在笼内，人站在笼附近喂养。为了方便操作，笼脚的高度应20厘米，笼四周高30厘米，宽50～70厘米，笼的中间用铁丝网或竹片隔开，每格50～100厘米。

5. 哺育方法

哺育饲料要根据乳鸽的日龄、食量消化情况等来选择原料。粥状饲料可直接注入灌喂器，干料应用开水浸泡30～60分钟，待饲料软化成流质状或胶状后再加入到灌喂器中。

刚出生的乳鸽，食量小，人工饲喂困难。饲喂时，一人捉住乳鸽，另一人将灌喂器胶管慢慢插入食道，动作要轻，防止胶管插入气管或损伤食道。灌喂时要防止喂料过多，以免造成食道膨胀或引起消化不良。乳鸽的灌喂可依据日龄适当调整。

1～3日龄乳鸽的人工饲喂器可用20毫升的注射器，针头部位套上一个小孔软胶管。每次喂量不可太多，8时、11时、16时、21时各喂一次。也可依照亲鸽的喂仔方法让雏鸽自己吸吮。

4～6日龄的乳鸽可用小型吊桶式灌喂器饲喂，将配好的乳料倒入吊桶内，吊于乳鸽上方，使乳料流向胶管，胶管插入食道后打开胶管上的夹子，乳料就自动流入鸽的嗉囊，用夹子

控制出量，防止流入的乳料过多，污染鸽体，饲喂时间与次数与1～3日龄鸽相同。

7日龄以后的乳鸽可用脚踏式填喂机、吸球式灌喂器、吊桶式灌喂器或气筒式灌喂器填喂。如用脚踏式填喂机，可先将浸泡过的饲料倒入填喂机的盛料斗内，将胶管插入乳鸽食道，右脚踏动开关，将饲料压入嗉囊。用脚控制喂料量的多少。每踏一次开关，填喂1只乳鸽，熟练后，每小时每人可填喂500只左右乳鸽。填喂时要注意不要喂过饱，以免造成消化不良，每天8时、15时、20时各喂1次。2周龄以后，饲料可适当浓稠一些。

经人工哺育的乳鸽生长发育较快，其体重的增长明显优于自然哺育的乳鸽（见表6-2）。试验证明，乳鸽采用人工哺育，既可减轻肉用种鸽的哺育任务，缩短繁殖周期，提高生产性能，又可提高乳鸽的上市合格率，增加经济收入。

表6-2　乳鸽人工哺育与自然哺育个体增重情况

单位：克

方法	数量/只	日龄					
		7	10	14	21	28	30
人工哺育	56	204	332.8	454.8	558.3	624	641.3
自然哺育	55	201	321.5	435	531.8	570.3	576.8

四、乳鸽的后期人工肥育技术

乳鸽长到18～25日龄，体重可达350～500克，视其体重状况可考虑上市出售。但是由于这一时期的乳鸽肉质水分含量较高，皮下脂肪少，品质差，因此为了提高肉质和体重，可在出售前5～7天进行强制肥育。经肥育的乳鸽，烹调后皮脆、骨软、肉香。

1. 肥育对象

我国目前大多选择体型大、肌肉丰满、羽毛光泽、皮肤白嫩、健康无伤残的15～20日龄、体重350～500克的乳鸽进行肥育。25～30日龄以上、体重小于350克、毛粗皮黑、伤残和有病者不建议肥育，肥育期通常为5～7天，如果鸽龄小、体重轻，肥育时间可适当延长2～5天。

2. 鸽舍和设备

如果肥育的鸽数量少，可利用闲房或旧房充作肥育鸽舍，否则最好建有专用肥育鸽舍。

肥育鸽舍的样式和结构可依照一般鸽舍，但高度可适当低一些，窗户可适当缩小，并安装遮光设施。要求室内空气流通顺畅、干燥，地面易于清扫、消毒、不积水，天冷时要有保温设施，室温保持在25℃左右。

目前我国南方采用的肥育鸽舍为每幢长5米、宽3米，门开于鸽舍一端的正中。在鸽舍内靠前墙和后墙处各设一条长5米、宽0.7米、深0.05米的小沟。育肥床放在水沟正上方，乳鸽排出的粪便直接落入水沟内，便于清扫。在鸽舍正中设一条宽1.6米的工作通道。每幢舍内可一次肥育乳鸽400只左右。如果采用多层肥育笼，肥育的数量会大大增加。肥育笼的长度一般依鸽舍的长度而定，每层分成若干个小间，每间长、深、高分别为30厘米、12厘米、30厘米。每个小间内可容纳1～2只乳鸽，其层数以饲养员能方便工作为度。笼底采用2厘米×2厘米的金属网，网下设有不漏水的盛粪盘。

人工肥育的器具目前多使用移动式吊桶灌喂器和吸球式灌喂器。

3. 饲料配方

肥育用的饲料有玉米、糙米、高粱、小麦、豌豆、绿豆和米粉等。为方便灌喂，所有原料大都磨成粉状或小粒。其混合的形态可全粉状、全粒状或粉粒混合，调制时可生浸也可煮熟。粉状日粮的优点是消化吸收快，便于利用饼粕等廉价副产品，有助于提高仔鸽日增重并可降低饲料成本。缺点是大都采用水浸湿，在夏季容易酸败。煮熟日粮因籽实软熟了，也具有

粉状日粮的优点，其缺点是费时间和加大成本，如果煮得太多易造成浪费。比较理想的还是生浸全粒状日粮，为保证充分浸透泡软，一般可在水中浸泡一昼夜。

人工哺喂时，受哺喂方法、哺喂量和乳鸽的接受程度等影响，冬季和夏季的乳鸽在生长发育速度方面会较自然哺育有很大差异。因此，为保证生长，冬季所用日粮的营养价值要高一些，尤其是能量饲料要多一些。另外，要配备专用的加热设施，保证灌喂时的水温在25～35℃。表6-3中的配方示例可供参考。

表 6-3 乳鸽人工肥育料配方

配料 \ 配比①/%	配方1	配方2	配料 \ 配比①/%	配方1	配方2
玉米粉	54	39.2	磷酸氢钙	1.6	2.5
小麦粉	3	11	DL-蛋氨酸	0.2	0.2
高粱粉	7	5	L-赖氨酸	0.2	0.1
玉米蛋白粉	3	3	多种维生素	1	1
豌豆粉	15	21	微量元素	0.15	0.2
绿豆粉	5	9	酵母片(粉)	0.15	0.1
米粉	3	4	食盐	0.3	0.3
苜蓿草粉	2	1	其他添加剂	0.4	0.4
贝壳粉	1	1	代谢能/(兆焦/千克)	12.05	12.09
肉骨粉	3	1	粗蛋白	17	16.8

① 配比中的“%”指质量分数。

配制饲料时，可先将各种原料按比例配合起来，反复搅拌均匀，称好每次的需要量，按1∶3的比例加入开水，充分浸软待自然冷却后即可饲喂。

4. 灌喂方法

乳鸽的肥育方法就像填鸭一样强迫进食。一般每天强迫进食两次，每天每只乳鸽灌喂80～100克经浸泡后的日粮。每次灌喂后半个小时，可将窗帘放下，让乳鸽休息和睡眠。

目前常用的灌喂方式有漏斗灌喂、注射器灌喂和灌喂机填喂。

五、乳鸽的上市时间

乳鸽一般22～30日龄上市，通常亲鸽体型大的乳鸽上市时间早一些，反之则晚一些。经人工肥育的乳鸽因其体重增长较自然哺育的快，通常也提早上市。对于超过30日龄，经人工肥育后体重仍不足500克的乳鸽，应及早销售，以节省饲养成本。因这一时期的乳鸽飞翔及运动机能增强，体能消耗较大，不利于体重的继续增加。通常王鸽和卡奴鸽的上市时间为26～28日龄，改良鸽为28～30日龄，更早者也有22～23日龄上市的。

第三节　童鸽的饲养管理

生产上将30～60日龄的鸽子称作童鸽。

乳鸽长到30日龄左右常会出巢试飞和练习采食，亲鸽也常会叨啄乳鸽的头部迫使其不敢靠近。此时应从谱系和生产性能都良好的亲鸽所生的后代中选拔生长发育和健康状况均良好的幼鸽留作种用。为了建立谱系档案和便于记载各项资料，选出的幼鸽应套上编有号码的足环，并记录好足环的号码、羽色、体重、性别、出生日期、亲代生产性能等原始资料。童鸽通常在童鸽舍内群养。

一、饲养环境

童鸽由亲鸽笼内哺育转为群居饲养，生活环境发生很大变化，不可避免地会出现一些应激反应，如适应能力下降、抗病力减弱、食欲减退、易生病等。因此，在转群的最初10～15天，应将其放在保育床内饲养，这样环境比较干爽温暖，经过5～6天的适应期后，童鸽便会自己飞进和飞出保育床。在保

育床上饲养10～15天后，可将其转到铺有铁网或竹片的地面上平养，每群50对左右，因童鸽的脚胫、胸腹部接触地面，容易受凉感冒，引起下痢和其他疾病，因此童鸽绝对不能直接放到地面上饲养。网上平养还能减少童鸽与粪便接触的机会，从而减少疾病的发生与传播。如果没有保育床或保育床的数量有限，也可采用地面群养，但无论冬夏都要注意保持地面干燥、温暖和清洁，地面上要铺有防寒保暖的垫料，并要经常翻动和更换。舍外要围起相当于鸽舍面积2倍以上的运动场，并设有合适的栖架，使鸽子白天有一定的空间进行飞翔运动，晚上要有舒适的栖身之处。运动场要求阳光充足，舍内冬暖夏凉。

刚离开亲鸽的童鸽要注意保暖，天气暖和时，若鸽的食欲、饮欲和精神状态良好，可让鸽子到运动场上运动或晒太阳，时间要循序渐进，从短到长直至自由进出。雨天要将鸽子赶入舍内，避免雨水淋湿羽毛引起感冒。冬季天气寒冷时，应注意关闭鸽舍门窗，并用麻布、棉帘、塑料薄膜等遮住门窗，防止冷风侵入。如果室温太低，可考虑适当采用煤炉、红外线等保温。

夏季炎热时，注意通风换气和防蚊蝇。

另外，童鸽的饲养密度以3对/米^{2}为宜，如果密度过大，因鸽子频繁飞翔，脱落的羽毛和尘埃会侵入呼吸道，引起呼吸器官的不适。

二、饲料要求

童鸽消化系统的功能尚未完善，消化饲料的能力较差，因此喂料要定时、定质和定量，将颗粒大的饲料先粉碎成小颗粒，然后按配方拌匀浸泡12～24小时后再喂给童鸽。料位要充足，以保证所有的童鸽都能在同一时间段进食。通常的日粮结构为：豆类占30%，谷物等能量饲料占70%。每天喂3次，每天进食量40克左右。为帮助消化增进食欲，可在饮水中适当加入一些食盐和健胃药，同时要保证有充足的保健砂。童鸽刚转入童鸽舍时，因环境的改变，常会表现出一些不适应的症状，因此要留心观察，发现不会采食者要及时予以调教和人工灌喂。

三、童鸽的管理

童鸽刚转群的2～3天内，因喂食习惯的改变，此时虽在饥饿时也会有觅食和采食动作，但能够吞入嗉囊内的饲料却极少，因此这一时期最好饲喂一些籽粒小的饲料，如小麦、糙米、绿豆、碎米等，喂前最好用清水浸泡一下。

个别童鸽胆小，常会躲在暗处或角落处不出来采食，或看上去像采食，但实际上没有吃到饲料，或是因被挤压而吃不到食。遇有此类状况要逐只捉到食槽边上让它们学会采食，必要时还可以人工塞喂。为了便于学会采食并都能吃饱，最好使用自选食槽进行饲喂或将饲料撒在圆竹扁内或竹席上，经几天训练，大部分童鸽都能学会自己采食。

对于因过食而造成积食的童鸽，可灌喂一些B族维生素或酵母片溶液，以促进消化，必要时可单独关起来限制其采食。

为防止童鸽出现消化不良，所喂饲料最好与乳鸽期大致相同或相近，为增强童鸽的体质，也可考虑适当喂一些鱼肝油和钙片等。喂料时一定要严格遵守定时、定量的原则。

刚转群的童鸽，开始几天不会饮水，可在它们有饮欲时，将其嘴甲轻轻按进饮水器内，迫使它们自己饮水，如此训练几天后，童鸽便会自己饮水了。

6周龄以后的童鸽，全部采用地面饲养，用食槽饲喂。因为刚开始童鸽还不习惯站在食槽两侧采食，常会拥挤在一起或蹲伏在地将双翅扑开，每只鸽所占的槽位很大，如果此时食槽数量过少，就会造成部分鸽子不能及时吃到饲料或吃饱，因此，开始地面饲养的头3～5天应尽量多放几个食槽。

当天气晴好时，如果童鸽的食欲和健康状况都不错的话，可放它们去飞翔棚内活动和晒太阳，刚开始时间不可太长，随着日龄的增加，可逐渐延长室外活动的时间，待其完全适应外界环境后，可将鸽舍与飞棚连接处的门全天开启，任其自由出入。

值得注意的是，在同一间鸽舍内，不要关养日龄相差悬殊的童鸽，更不要与成年鸽关养在一起。

到 50 日龄左右，童鸽开始换羽，第 1 根主翼羽首先脱落，此后每隔 15～20 天脱换下一根，与此同时副主翼羽和身体其他部位的羽毛也先后脱落更新。换羽期间的童鸽抵抗力减弱，对外界环境的变化比较敏感，易受沙门菌、球虫等感染，并容易因着凉而伤风感冒或患气管炎。若饲养环境差，还容易感染毛滴虫病和念珠菌病等。在整个饲养期内，以 50～80 日龄的鸽子发病率和死亡率最高，所以这个时期除精心管理之外，还要选择有效的药物交替使用，做好鸽群疾病的防治工作，以保证童鸽正常生长和提高成活率。

换羽期尤其要注意饲料的质和量，在日粮中适当增加一些玉米、大麻仁、向日葵仁和油菜籽等能值较高的饲料，有助于促进羽毛的生长。为预防感冒，可在饮水中适当加一些板蓝根等防治感冒的中草药。

第四节 青年鸽的饲养管理

青年鸽又称后备种鸽，是指 3～6 月龄期间的鸽子。

一、环境要求

青年鸽通常饲养在避风向阳的棚式鸽舍内，要有飞翔活动的空间，并有必要的间隔设施。要有不被粪便污染的饲槽和饮水器，有足够的栖架，地面铺有干燥的垫料。青年鸽好动，喜飞，喜欢洗澡，因此地面应设有洗浴池。经常洗澡有利于鸽子皮肤和羽毛的卫生，减少体外寄生虫，促进健康。

二、饲料要求

3～4月龄的青年鸽，每群数量可以增加到100对，此时鸽子的适应性较前期有了很大提高，爱飞、好斗，新陈代谢相对旺盛。这一时期应限制饲养，防止采食过多和体质过肥，此期的日粮结构为：豆类饲料占20%，能量饲料占80%，此期能量饲料高有助于新羽毛的生长。

每天喂2次，每只每天喂40克。

5～6月龄的鸽子，生长发育已基本成熟，主翼羽已脱换过半，此时可把日粮调整为：豆类饲料25%～30%，能量饲料70%～75%，每天喂2次，每只每天饲喂40克。

三、青年鸽的管理

3～5月龄的青年鸽生活能力及适应性逐渐增强，并开始进入稳定的生产期，鸽群中陆续会有发情的个体出现。此时，应尽早实行公母分开饲养，避免早配早产等情况发生，从而影响以后的生长发育和生产性能的发挥。为防止同窝配对、近亲繁殖，应将有亲缘关系的鸽子放在不同的鸽舍内饲养，并配带脚环以便区别。

5月龄青年鸽经过驱虫，存优去劣和分群饲养后，其生长发育便开始进入旺盛期，所以此时应着重保证其生长发育，为防止过肥，影响以后的生产性能，可适当减少日粮中的能量水平。保健砂中或日粮中可适当增加一些微量元素。此期为防止鸽子过早成熟，日粮中蛋白质饲料用量不宜过高。

6月龄时，青年鸽进入成熟期，这时可进行第二次驱虫和留优去劣，待选留出的鸽子10根主翼羽全部更换完毕后，便可配对，并转入繁殖鸽舍内进行繁殖。此时，要适当提高日粮中的蛋白质水平，使其不低于15%，并注意供给充足的保健砂和维生素，以保证其具有结实健康的繁殖体况。

四、青年鸽的保健

青年鸽即将承担繁育后代的重任，因此，为保证获得良好的经济效益，此时一定要做好青年鸽的驱虫及疾病预防工作。

这一时期鸽子极易感染鸽痘，一旦流行，常会造成较大的经济损失，因此，在雏鸽出壳后，1周内就应接种鸽痘疫苗。发生过禽霍乱的鸽场还要注意接种禽霍乱疫苗，为防止不良反应发生，应先做小面积的接种实验，待确定无不良反应后，再进行大群接种。

青年鸽大多采用群养的方式，经常与地面和粪便接触，容易感染寄生虫，同时，在饲养过程中难免会有伤残个体出现。因此，通常在3～4月龄时进行一次驱虫和选优去劣工作；6月龄时为减少应激反应，减轻劳动量，可结合配对上笼再进行一次驱虫和选种。

为保证青年鸽的健康生长，在日常饲养中可定期在饮水中加入B族复合维生素或高锰酸钾（浓度为0.1%），天气炎热时可在饮水中补充一些葡萄糖、维生素C或清热解表的中草药。

总之，这一时期只要能够做到科学合理地饲养，就能保证繁殖期生产性能的充分发挥和后代的品质优良。

第五节　种鸽的饲养管理

青年鸽配对后转入种鸽舍或种鸽笼，便开始了种鸽的饲养阶段，配对成功进入产蛋和孵育期的种鸽在生产上也常称为亲鸽或产鸽等。

种鸽处在不同的生产阶段，具有不同的生理特征和饲养目的，所以在饲养管理上也应采取相应的技术措施，以保证种鸽发挥最大的生产潜能，使饲养者获得最佳的经济效益。

种鸽按其生产阶段，通常分为配对期、孵蛋期、哺育期和换羽期，以上各期是一个相互关联、相互渗透的生产流程。除配对期以外（个别失去配偶的种鸽或因人工育种需要时，也会另觅配偶），其他三个环节相辅相成、循环往复地贯穿种鸽的一生。

一、种鸽的生理特点

种鸽是鸽场的主要生产支柱，其饲养管理的优劣，直接关系到饲养者的经济收益。种鸽除自身完成生长和生命活动外，还要担负起产蛋和繁育后代的任务，对饲料从质到量上都有较高的要求。种鸽配对成功后就开始交配、产蛋，然后孵化、哺育。乳鸽一出生，种鸽的嗉囊便开始分泌鸽乳，起初的4～5天，鸽乳较浓稠，内含颗粒较小的饲料，雏鸽满10日龄以后，亲鸽逐渐过渡到给雏鸽喂籽实类饲料。

二、种鸽的饲养方式

种鸽有笼养和群养（或散养）两种饲养方式。我国在20世纪70年代以前基本采用群养，随着饲养技术的日渐成熟，笼养逐渐盛行。

1. 群养

群养鸽舍一般是将整幢鸽舍隔成许多小间，每间8～10米^2，可养种鸽20～30对。为方便管理，在群养鸽舍内也可设置柜式鸽笼。种鸽的休息、产蛋、孵化和育雏均在笼内进行。笼可分三层，也可四层。具体规格可参考第三章第三节。

种鸽群养多采用小群离地散养的方式，鸽舍设有运动场，这种饲养方式可使种鸽得到充分的运动，增强体质，得到充足的阳光照射和新鲜的空气；有利于保持健康的体魄，精力充沛，增强抗病能力，提高生产性能；培育优良后代，使种鸽的体型、体重和生产力等方面保持或超过亲代的性能，达到种用的目的和标准；群养种鸽羽毛较笼养整洁光亮。但这类鸽舍投资较大，房舍空间利用率低，饲养管理不方便，不易观察每对

鸽的动态和生产情况，体质弱的种鸽易出现营养不良；经常发生争巢啄斗现象，配对和孵化易受其他鸽子的干扰，繁殖率难以保证；饲料、饮水和保健砂易被污染；鸽子之间频繁的接触易传播疾病，病鸽不易及时发现，且工人的劳动强度大，每人仅能管理200对左右。

2. 笼养

种鸽常用的鸽笼分为内外双间式和单式两种，具体规格可参照第三章第三节。

这种饲养方式的优点是可充分利用房舍空间，每平方米可养3对种鸽，是群养的2～3倍，投资相对较少。笼养时种鸽可以免受其他鸽子的干扰，可顺利配种，种蛋的受精率、孵化率及乳鸽的成活率都明显高于群养。因不受干扰，亲鸽每天哺喂乳鸽的次数和哺喂量都高于群养，所以乳鸽的增重率也高。由于笼子的自然隔离，鸽子之间相互接触的机会较少，所以疾病少，对病鸽或伤残鸽能及时发现、及时诊治，药费的支出也明显低于群养，而且容易观察记录，饲料、饮水和保健砂都较清洁。缺点是鸽子的活动空间小，运动量受限制，种鸽体质较差。因不方便洗浴，所以鸽子的羽毛和皮肤较脏且缺少光泽，易暴发体外寄生虫。尤其是生活在底层笼的鸽子，易受上层笼种鸽粪便的污染，卫生条件差，且光线较暗，易使抗病力下降。

三、配对期的饲养管理

笼养种鸽若雌雄鉴别准确，配对恰当，上笼后，几个小时就能相互熟悉，2～3天后便能和睦相处。所以在初配的前几天，饲养员要每天仔细观察几次，发现个别不配对的就应及时拆开重配。通常2只雄鸽关在一起时，常会相互打斗，能很快发现，但如果是两只雌鸽关在一起，通常不会及时发现，所以一定要细心观察。如果发现所产的种蛋均未受精或者产蛋间隔时间很短，就应对其进行重新鉴别、调配。有时也有虽是雌雄配对，但因某些原因，出现两者不能和平相处的现象，这表明这对鸽子难以配对，应该重新配对。

群养的种鸽，如果不是育种用，最好让其先自由配对，配对后带上脚环，并作好记录，转到另外一个鸽舍内饲养。余下未能配对或不适合配对者（如有血缘关系的个体），可进行人工配对，为了让人工配对的鸽子相互亲近，需将其关在巢箱或有隔网的笼内 2～5 天，待其相互熟悉并能和睦相处后，可对其进行认巢训练。待其能辨认自己的笼子或巢箱后，便可让它们自由地出入。

1. 认巢训练

训练前先在笼门前作不同的标志，使鸽子容易辨认自己的笼子，然后每天上午和下午喂食后把关在巢箱里或笼内的鸽子放出来活动。上午放出来后，到喂食前把它们赶回巢箱内，并在巢箱内进食，如果有不回巢的，要将它们一一捉回；下午放出来后，如果晚上不回巢箱的也要一一捉回。这样经过 2～3 天后，在上午喂食后或下午喂食前将鸽子放出，下午将饲料放进巢箱内，到进食时间或晚上大部分鸽子便会自动回到巢内，个别不回的鸽子可人为捉回或驱赶回巢。待全部新配对的种鸽都能自动回巢箱后，就可以让它们整天自由活动了。有时自行配对的鸽子也会因误入别人的巢箱而引起争斗，发生类似状况要及时给予纠正，对不能自动回巢的鸽子（尤其是晚上）也应人工捉回。

2. 饲料要求

饲料不足或营养缺乏，会造成产单蛋，严重的窝独雏率 30％以上。因此，对将近产蛋的种鸽应及早提高日粮的营养水平，调高豆类的比例，供给充足的保健砂并加喂蛋壳等含磷、钙的矿物质，以提高蛋重及蛋壳强度，减少孵化时种蛋的破损和提高初生雏的体重。

3. 产蛋

工作人员要注意观察种鸽的繁殖动态，当发现雄鸽有在笼

内周围积极寻找杂物、羽毛和干草等行为，并将其衔入巢盆，而雌鸽又经常蹲伏于巢盆，甚至喂食时也不离开巢盆时，就预示着雌鸽即将产蛋。此时，应及早将巢盆清洗干净，并消毒，放入干细砂作垫料。北方也可加垫软泡沫、塑料片或麻布片等，让雌鸽产蛋。对有些常将蛋产在巢盆外的雌鸽要特别留意，及时将其赶回巢盆产蛋。

四、孵化期的饲养管理

种鸽配对后，适应几天便开始交配并产蛋，雌鸽每窝产蛋2枚，第1枚蛋大约下午5～6时产出，间隔46～48小时，即第3天的下午3～4时，产下第2枚种蛋，随后亲鸽便进入孵化期。

1. 环境要求

孵化前先用双层旧麻布铺好巢盆，为保持干燥，麻布下最好垫上谷壳或木屑、细砂，有时为防止体外寄生虫，垫料中也可适当掺杂一些烟杆。铺设垫料时，要注意处理好边角，最好做成锅底状，以增加巢盆的舒适度，防止雏鸽被亲鸽踩伤或压死。冬季垫料可适当厚些，以利保温；夏季垫料要相对减少，以保证防暑降温。

为保证种鸽有一个冬暖夏凉、干燥清爽的孵化环境，可用麻布适当遮挡，避免强光照射和邻舍的干扰，并注意保持周围环境的安静，防止其他动物进入鸽舍惊吓、侵扰。若发现新配对的种鸽在产下两枚蛋后仍不抱孵时，要在笼外或巢箱周围用黑布或其他物品遮上，饮水和采食均在巢内或笼内进行，几天之内尽量不去打扰它，促使其及早进入抱孵状态，待亲鸽确实能够专心孵蛋时，可将遮挡物去除，并听任它们自由出入巢箱。

在南方，夏季要防止烈日的照射，及时遮挡或种植藤蔓植物绿化遮盖房舍顶部，降低舍温。夜晚要做好驱蚊灭蚊工作，以防止蚊虫的叮咬，影响种鸽孵化。北方，冬季要注意防寒保暖，特别是在鸽巢周围要注意防止贼风侵袭。

2. 饲料要求

孵化中的种鸽，由于活动少，孵化过程新陈代谢减缓，采食量下降，因此，此期的饲料要注意营养全面、易吸收，并保证全天料槽不断料，每天更换新保健砂，并在保健砂中适当添加一些健胃及抗菌的药物。必要时饮水中可添加适量的葡萄糖和维生素 C。

3. 孵化期的管理

鸽子有自己筑巢的习惯，在发现其交配后就应及时准备好垫草（垫草要截成 2～5 厘米长的短草），以供其自己衔草做窝。

经产鸽，尤其是老龄鸽，就巢性强，所以雌雄鸽互换孵化失去规律性，便常常争相孵蛋，经常会出现两只鸽子都挤在巢盆里的现象，由于频繁挤压，常会压破种蛋，导致孵化失败。这也往往是造成孵单蛋，出单雏的主要原因之一。为防止类似情况的发生，最好及时淘汰老龄种鸽。

在孵化期间，至少应照蛋两次，分别在第 4～5 天和第 10～13 天进行。以便及时捡出无精蛋和死胚蛋，对仅有一只蛋的，应将产蛋日期和孵化日龄相同或相近的种蛋两两并窝继续孵化。并窝后无孵蛋任务的亲鸽一般间隔 7～10 天又会开始产蛋。并窝也是提高种鸽年产乳鸽窝数的一种有效手段。

鸽蛋孵化期一般是 18 天，18 天后对出壳有困难的个体，要及时予以助产。方法是用镊子在雏鸽的啄壳部位小心地将气室周围的蛋壳剥掉，然后把鸽头稍稍拉出一点，再放回巢中让亲鸽继续孵化，如果过一段时间仍不能出壳，可等蛋黄和血液吸收后将雏鸽拉出蛋壳。

雏鸽出壳后多数亲鸽会把蛋壳自行衔出巢箱外丢掉。如果巢盆中仍留有蛋壳，工作人员要及时将其取出，以免造成雏鸽窒息。

刚出壳 2～3 天的雏鸽容易被亲鸽踩伤或压死，所以，垫料要整理成碗状或锅底状，对待亲鸽态度要和善，动作要轻快，被压死的雏鸽要及时拿走，被踩伤的雏鸽要及早治疗，并

视情况适当并窝。

连续几窝产蛋和孵化性能都较差的亲鸽，可考虑全部淘汰或淘汰其中表现差的一只，若根本不产蛋是由于配对错误造成的也要及时调换，对有血缘关系的也要及时拆对重配。

在生产过程中，应对每对种鸽的年产窝数、育成率、乳鸽重量、产蛋周期等一一记录清楚，便于积累生产资料，为日后的计划生产和选种提供依据。

五、育雏期的饲养管理

1. 环境要求

雏鸽出壳前应及早清洁巢盆，并更换上干细砂垫料，准备迎接雏鸽。在育雏期间，种鸽要进行繁忙的哺育活动，所以，要注意保持饲养环境的安静，防止其他动物的侵袭。冬季要注意保暖，夏季要防暑防雨淋。

2. 饲料和饮水

雏鸽4～5日龄后，亲鸽除对其喂鸽乳外，还要逐渐补喂籽实饲料，而且逐日增加。至雏鸽满2周龄后基本全部饲喂籽实类饲料。因此，种鸽的采食量明显增加，饲料的需要量比非育雏期增加数倍。因此，为保证乳鸽的快速生长，此时不但要保证饲料量的充足，而且要保证绿豆、豌豆、小麦和糙米等优质饲料的添加量，水和保健砂也要供应充足，如果缺水，亲鸽便无法哺育雏鸽。

亲鸽日粮的粗蛋白质含量不低于14%，粗脂肪不低于3%，代谢能不低于12.9兆焦/千克。

3. 育雏期的管理

通常雏鸽出壳后2小时，亲鸽便会口对口地给雏鸽灌气，以使其适应接受鸽乳。2小时后，亲鸽便会正式哺喂鸽乳。但也有个别亲鸽，特别是初产鸽，在雏鸽出壳后4～6小时仍不会哺育，此时，应及早查明原因，若是亲鸽有病则应及时隔离治疗，并为乳鸽找代理母亲或人工哺育。若是亲鸽没有经验则应及时调教。具体做法是把雏鸽的嘴轻轻地塞进亲鸽的嘴里，反复多次诱导后，亲鸽就会知道给雏鸽灌喂鸽乳了。

若经多次调教亲鸽仍不会哺喂，应考虑将新生雏鸽进行人工哺育或为其找代理母亲。无治疗价值的或母性差的亲鸽应及早淘汰；对产蛋和孵化性能都很好的亲鸽，如果仅是哺育能力差，可考虑将其专门用于产蛋和孵化，而不让其育雏。

个别亲鸽每次喂食时总是先灌喂同一只乳鸽，而且往往一只喂得多而另一只喂得少，导致同一窝中两只乳鸽大小相差悬殊。此时，若乳鸽尚不能站立起来活动，可将两只乳鸽在巢内的位置对调一下，如果已能站立活动，则可与其他窝内有类似状况，而体态又相近的乳鸽互换，以达到大小均匀一致的目的。调换时要时刻留心亲鸽嫌弃或啄伤非亲生的乳鸽。

繁殖性能好的亲鸽，在上窝乳鸽15～18日龄时，便会产第二窝蛋。此时，亲鸽既要哺育上一窝乳鸽，又要同时承担孵化第二窝的任务，因此，为保证乳鸽能够正常生长发育，要喂给亲鸽营养丰富且全面的日粮，以保证亲鸽有良好的体力来兼顾育雏和孵化两项工作。笼养的鸽子要把有蛋的巢盆放在笼内上半部的小铁架内，把有乳鸽的巢盆放在笼内下半部的笼底上，使亲鸽能够安心孵蛋，免受乳鸽索食的干扰，防止乳鸽把种蛋踩脏、踩破；采用巢箱群养的鸽子，为避免乳鸽的干扰，要把蛋和乳鸽分隔在相邻的两个巢箱内。如果此期亲鸽体力不支，便无法兼顾两项工作或只顾孵蛋而忽略哺育上一窝乳鸽，因此要求这一时期的饲养人员要有高度的责任心，发现有类似状况发生，必须将第二窝种蛋及时移走，使亲鸽有足够的精力照顾上一窝雏鸽，以保证乳鸽能够健康生长。有条件的饲养场，对15日龄以后的乳鸽可考虑人工哺育或强制肥育，使亲鸽尽快恢复孵蛋期间的体能消耗，尽快投入下一轮的生产活动。

对于因哺育乳鸽而迅速消瘦、衰弱下来的亲鸽应查明原因，及时纠正，使它们能够持续地投入生产。

在繁殖季节，乳鸽不管是自然断乳、中途死亡还是中途拿走，只要巢中没有乳鸽了，通常在1～2周内亲鸽大都会再产下一窝种蛋。巢中没有蛋时也会如此。所以，应在乳鸽离巢或蛋拿走后抓紧时间清扫和消毒巢箱、鸽笼或巢盆，以迎接下一个生产过程。

如果巢中没有乳鸽或种蛋，而亲鸽又迟迟不再产蛋，应查明原因，及早纠正。

六、换羽期的饲养管理

每年的夏末秋初，鸽子都要换一次羽，时间长达1～2个月，换羽期间除部分高产的鸽子外，大部分种鸽均停止产蛋。有时一对种鸽中一只换羽早或快，而另一只换羽晚或慢，从而导致了休产时间延长。在群养时，先换完羽的种鸽因发情早，在寻找配偶时常会引起鸽群骚乱。如果是笼养的鸽子，只有等待另一只鸽子换完羽才能进入交配和产蛋，也不利于早日进行正常生产。因此，除了采取必要的措施使鸽群集中换羽外，如发现有早发情并企图另寻配偶的鸽子，应将原来配对的两只鸽子捉起来关在一起，待整个鸽群都已换完羽，并开始交配产蛋时再放出来。对笼养的鸽子只要想办法让它们尽量同步换羽就可以了。如果饲养者有拆对重配的打算，不妨利用这一阶段重新配对。

目前生产上为保证鸽群能够同步换羽，多采用人工强制换羽的方法促使种鸽及早进入下一个繁殖周期。具体方法是当鸽群普遍换羽时，降低饲料的质量和减少饲喂量，或适当地断食断水，使鸽群在较短的时间内迅速换完羽，必要时可在保健砂中适量添加硫酸锌，促使旧羽脱落、新羽长成。待鸽群换羽完成后再逐渐恢复原来的营养水平。在换羽期间，如果实施人工强制换羽的方案，应注意将仍处于孵蛋期和哺育期的种鸽单独饲养，并保持正常的饲料和营养水平，使这些亲鸽和仔鸽能够健康生长。

1. 饲料要求

在同一鸽群中，通常都是带仔种鸽和非带仔种鸽共存，为了满足不同对象的生理需要和发挥饲料效能，对这一时期的种鸽通常制定两种不同的日粮配方。通常带仔种鸽的日粮结构为：豆类饲料占35%～40%，能量饲料占60%～65%，每天上下午各喂一次，不限量，以满足亲鸽和乳鸽生长发育的需要。非带仔种鸽的日粮结构为：豆类饲料占25%～30%，能量饲料占70%～75%，每天饲喂2次，每只每天喂40克。待全群基本换羽结束时要逐渐恢复原来的营养水平，日粮中要适当添加一些大麻仁、向日葵仁、油菜籽、芝麻等有助于羽毛生长和恢复体力的饲料，促使其早日进入下一个繁殖期。

2. 鸽群调整

种鸽换羽时间较长，而且普遍停产，所以最好利用这一时期对鸽群进行一次有目的的调整，全面检查鸽群的生产情况，结合生产记录对鸽群进行一次综合评定，把生产性能差、换羽过早、换羽时间长、有病及伤残的鸽子淘汰掉，并从后备种鸽群中选择优良的个体进行补充。

在换羽期间也是对鸽舍和用具进行清洗和消毒的大好时机。利用这一时期种鸽普遍停产的机会，对鸽舍、飞棚、巢箱、鸽笼、巢盆等进行全面彻底的清洗和消毒，以保证换羽后的种鸽能够有一个清新舒适的生存环境。

第七章 肉鸽的疾病防治技术

肉鸽是家禽中抵抗疾病能力较强的一种动物，通常不会感染上能够导致群体覆灭的烈性传染病。但是由于肉鸽大多采用集约化饲养，稍有不慎便会遭到各种疾病的侵袭。一旦染上疾病，轻者影响健康和生产性能的发挥，重者丧失利用价值，甚至死亡。有些鸽病，不仅危害鸽群，而且也会危害人类的身体健康，因此学会鉴别肉鸽疾病，做好疾病防治工作，是一项关系养殖成败的大事。

鸽子的疾病大体上可分为传染病、寄生虫病和普通病三大类，其中以传染病危害最大，寄生虫病次之。防病与治病相比，要容易得多，费用也省，因此在肉鸽养殖场一向注重防大于治的原则。

第一节 鸽病的预防与控制

一、肉鸽场的卫生防疫原则

1. 定期消毒

鸽场消毒可分为化学消毒、物理消毒和生物消毒三种。

化学消毒是利用化学消毒剂对被消毒的物品进行浸泡、喷洒、浸洗和熏蒸等，以达到杀灭病原微生物的目的。常用的化学消毒剂有氢氧化钠、石灰乳、漂白粉、来苏尔、新洁尔灭、甲醛、消毒净、百毒杀等。由于不同的病原体对不同的消毒药敏感度不同，因此，消毒时应根据消毒对象和病原体的种类来选择，同时要准确掌握药物的剂量、浓度和作用时间等。浸洗法是指在发生传染病后，对鸽舍场面、墙壁等用消毒液进行清洗，或是在接种或注射药物时用酒精、碘酒等擦拭；浸泡法是指将待消毒的物品或用具浸泡于消毒液中，常用于医疗剖检器械。当动物体表感染寄生虫时，用杀虫剂或其他药物进行药浴也属于此法；喷洒法是将化学消毒药液喷洒于地面、墙壁、天花板等处，以达到消灭该部病原体的目的，鸽舍的环境消毒多采用此法；熏蒸法是利用化学消毒剂易于挥发，或是两种化学制剂起反应时会产生气体，该气体对周围的空气及物体表面的致病微生物具有杀灭作用。如过氧乙酸气体消毒法和甲醛熏蒸消毒法等。

物理消毒法是消毒工作中最基本的，而且较为常用的简单方法，包括日光照射、机械清扫、蒸气消毒、煮沸消毒和焚烧等。

生物消毒法是指利用自然界广泛存在的微生物在氧化分解污物（如垫草、粪便等）中的有机物时所产生的大量热能来杀死致病微生物。垫草和粪便的无害化处理多采用此法。常用的有地面封堆肥发酵法、地上台式堆肥发酵法和坑式堆肥发酵法。

通常对垫草、粪便可采用焚烧和生物发酵法消毒。注射器皿、小型用具、工作服等用煮沸法消毒。鸽舍、食槽和饮水器等要定期进行清扫、清洗和化学法消毒。消毒时一定要防止药液落入饮水和饲料中，防止落到雏鸽身上。食槽和用具等用消毒药液浸泡后一定要用清水洗涤干净再投入使用，鸽舍和鸽场的入口处要长期设消毒池。

2. 驱虫

肉鸽可感染多种寄生虫病，如球虫、毛滴虫、毛细线虫、蛔虫、绦虫、羽虱等，感染了寄生虫不仅影响生长发育，降低生产性能，严重者常导致肉鸽死亡。因此，每年都要定期、适时进行驱虫。

3. 灭鼠

老鼠的危害是多方面的，如咬死幼鸽，咬坏塑料水管、电

线等物，造成漏水、漏电等事故。老鼠还是疫病的传播者，危害肉鸽健康，因此，必须坚持灭鼠。

4. 灭蝇

成蝇的寿命一般为数周，其繁殖力惊人。一只苍蝇经四代，即可繁殖1.3亿只。苍蝇能传播对人和动物有害的很多疾病，必须大力灭蝇。做到及时清理粪便，搞好清洁卫生，喷洒灭蝇药物等，会收到明显的效果。

5. 保持饲料卫生

饲料卫生的好坏与动物的健康密切相关，肉鸽如采食腐败变质、发霉或被某些病原菌污染的饲料即会发病，某些植物性饲料在加工、贮藏或运输的某些环节不当时，也会导致动物发生中毒。饲料一定要贮存在严密、干燥、通风好的库房内。要求饲料库地面为水泥面，防止鼠类进人，不允许在库房内存放其他物品。购置饲料时要把好质量关，可疑的饲料绝不能购入。饲喂时要保证日粮全价，无霉变，饮水和保健砂要新鲜，并保证不被弄脏和污染。

6. 保持饮水卫生

水是传播某些疾病（如肠道传染病和寄生虫病）的主要途径之一，因此，搞好饮水卫生对防止肉鸽的疾病感染有重要意义。饮水要清洁，无污染；水源要严格管理，不要流入污水和有害物质。水盆、料槽要经常清洗，定期消毒，防止霉菌污染。

7. 坚持自繁自养

鸽场尤其是种鸽场一定要坚持自繁自养的原则，以免从别的鸽场带进传染病和寄生虫病。新引进的鸽子必须是来自于非疫区，健康无病，并经严格检疫的。引进后不能马上合群，需隔离观察15～30天后，确认无病方可合群。

8. 养殖对象不可太过混杂

鸽场内不能混养其他家禽和家畜，还要尽可能地杜绝野禽、野兽等进入鸽场。

9. 定期进行疫苗的预防免疫接种

当鸽群受到某种传染病威胁时，应进行疫苗紧急接种，或服用预防剂量的治疗药物。定期驱除鸽体内外寄生虫，并做好灭鼠和灭蝇工作。病鸽要及时隔离，死鸽应按卫生防疫规则进行处理。

10. 其他

非鸽场工作人员和车辆不得随便进入，进入时要经过消毒。鸽场内工作人员的工作岗位要固定，工作人员出入鸽舍要换鞋、洗手，必要时还应淋浴、换工作服，最好避免同行间或邻居间的相互参观，特别注意非饲养人员不得与鸽群直接接触。鸽场工作人员不得购食病禽、病畜和死禽、死畜；每年要进行1～2次体检，患肺结核、副伤寒等传染性病症的员工，应待其确实痊愈后方可准许上岗。

鸽舍和鸽笼必须干燥清洁，适当宽敞些，阳光充足而不曝晒，通风良好而无贼风，温度和湿度适宜且恒定，空气清新无污染。

二、肉鸽的尸体和粪便的处理

对死亡肉鸽尸体的处理要严格。有很多养殖场往往不注意这一点，如随意在场内的某一地点解剖，解剖后污染的地面不作任何处理，尸体及内脏乱扔，甚至吃其肉，这是极其危险的。不明原因死亡的任何一种动物都需要做深埋或焚烧处理。解剖死鸽必须在固定的屋内或场外的安全地点进行，解剖后应对污染的地面、用具等彻底消毒。

粪便中常含有大量的病原微生物、寄生虫卵和幼虫，在管理粗放、卫生不良的养殖场，常导致饲料、饮水的污染，造成疫病流行。因此，对其及时清除并作无害处理，是不容忽视的。一般多采用生物发酵方法处理，通过生物发酵产热，能杀死许多病原微生物、寄生虫及其虫卵。

第二节　肉鸽疾病的发病原因及诊断方法

肉鸽疾病是指鸽体的一个或多个组织、器官的功能障碍或失常，即偏离了机体正常的生理状态的一种病理过程。在这个过程中，常常引起鸽体的消瘦和死亡。引起肉鸽疾病发生的原因和其他家禽疾病发生的原因相似，存在着多种致病因素，但基本上可将其分为生物性（如病毒、细菌等）、化学性（如各种药物、毒物中毒）和物理性（如高温、机器损伤等）3大类。

肉鸽疾病的发生及其严重程度取决于多种因素，包括病原的性质、强度、感染方式和途径、肉鸽本身的遗传特点（品种、品系）、龄期、健康状况及免疫水平、饲养环境的温度、湿度、卫生及管理水平和其他各种应激因素等。在生产实践中，通常根据疾病是否具有传染性而将其分为传染性疾病和非传染性疾病两大类。其中传染性疾病包括病毒性传染病、细菌性传染病、衣原体病、体内及体外寄生虫病和真菌病等；非传染性疾病包括营养代谢性疾病、中毒病、内科病、外科病和杂病等。

一、肉鸽的传染性疾病

1. 传染性疾病的概念

传染性疾病是指由病毒、细菌、寄生虫及其他病原体侵染鸽体而引发的疾病的总称。其中由病毒、细菌、衣原体、霉浆体和真菌等致病性微生物引起的疾病通常称为传染病，这类病具有传染性和群发性的特点，是危害养鸽业最严重的疾病。

2. 传染病发生和流行的条件

（1）传染源　鸽的传染病的发生是由于病原微生物侵入鸽体内所致。病原微生物的来源常常是野鸟、鼠类、蚊蝇或病愈后的带菌者，如果新购入的鸽子未经隔离观察即放入鸽群，也常常会造成群体暴发传染病，如禽霍乱等。某些人畜共患的传染病也可通过人或其他动物传染给肉鸽，或由鸽传染给人或其他家畜。其中病鸽和病死鸽的血液、粪便、唾液、羽屑、内脏等都带有病原体，并且不断地污染周围的环境，是主要的传染源。部分愈后的鸽子会成为长期带菌者，一旦鸽群的抵抗力下降或是处于应激状态，便成为鸽群疾病的传播者。许多疾病的发生或暴发都是由这类带菌（毒）者传播的。

（2）传染途径　病原体侵入健康鸽子体内的途径主要是消化道、呼吸道和皮肤伤口。被病原体污染的饲料或饮水进入健康鸽的消化道后，便会使鸽子发病，如新城疫、霍乱、沙门菌病等；病鸽通过呼吸、咳嗽、喷嚏、鼻液将病原微生物散播到空气中形成带有病原体的飞沫，健康鸽通过呼吸道吸入这种飞沫后，就有可能感染此类疾病，如禽结核、曲霉菌病和支原体病等；带有病菌或病毒的蚊、蠓、虱等吸血昆虫叮咬鸽子，病原微生物就会通过被叮咬所造成的伤口而感染，如鸽痘和一些血液原虫病；另外，皮肤的机械性损伤也是一些疾病传播的重要途径，如葡萄球菌病和绿脓杆菌病等。在传播过程中，污染的用具、车辆、鸽舍和场地等都是主要的传播媒介，飞鸟、鼠类和野兽也可传播疫病。人员往来如果不遵守消毒制度，也容易通过衣服、鞋、帽、手和工具等传播疾病。

在传染性疾病流行过程中若没有上述各种传播媒介的参与，传染源本身不会引起疾病的发生和流行。

（3）易感动物　鸽子身体内的正常菌群是鸽子传染病最常见的病原菌，当鸽子的机体抵抗力降低时，病原微生物就会乘机侵入，引起疾病。如果鸽子受惊、受凉、转群、生活环境及天气突然改变等，均会引起应激反应，此时若存在传染源又具备传播途径，便会造成传染病的流行。

在传染病流行过程中只有传染源、传播途径和易感动物同时存在，并相互关联，传染病才会流行。传染源排出的病原微

生物污染了外界环境的各种物体，使之成为传播媒介。有易感鸽子接触了这些传染媒介，使病原微生物通过一定的传播途径进入鸽体，就可能引发鸽群发病。而受到感染的鸽子又会成为新的传染源，再污染周围的各种物体和环境，如此反复的传播，便造成了传染病在群体内的暴发。因此，在实践中，要采取切实可行的综合防治措施，消除或切断造成传染病流行的这三个因素之间的联系，使疫病不再继续传播。

3. 对人体有危害的鸽传染病

据不完全统计，可在人禽或人畜之间传播的传染性疾病大约有50余种，其中可由鸽传染给人的有20多种，如森林脑炎、圣路易脑炎、新城疫、西尼罗热、辛德毕斯病、沙门菌病(包括禽伤寒和副伤寒)、丹毒、禽结核、伪狂犬病、李氏杆菌病、大肠杆菌病、耶尔森菌病、链球菌病、隐球菌病、鹅口疮、曲霉菌病、禽冠癣（头癣/黄癣）、鸟疫（鹦鹉热）、弓形虫病、鸽螨、鸽虱及支原体病等。这些疾病可通过不同的途径由鸽传染给人，有的则可在人与鸽之间相互传播。

4. 肉鸽传染性疾病的传播

致病性微生物可来源于发病或外表健康的带毒、带菌的禽、鼠、节肢动物、野鸟和人类。其中病（死）禽和带毒(菌）禽是引发各类传染病的主要传染来源，由飞沫、各种分泌物、排泄物、脱落的羽毛和体屑、尸体等散布的病原，污染饮水、饲料和周围环境。易感肉鸽通过与带有致病性微生物的上述动物的直接接触，或通过与被病原微生物污染的空气、尘埃、飞沫、土壤、饮水、饲料、笼具及其他用具等的接触，经呼吸道、消化道或皮肤黏膜的创伤等途径侵入体内而发生感染，这类感染方式通常称为“水平传播”或“横向传播”。此外，病原微生物也可通过亲代的种蛋而传染给其子代幼雏，这种感染方式则常称为“垂直传播”或“垂直传染”。垂直传播是某些传染性疾病的重要传播方式或感染途径，垂直传播的传染病通常亦能发生水平传播。

5. 寄生虫病

由寄生虫引起的疾病称为寄生虫病。鸽群中常发生的寄生虫病有蛔虫、球虫、毛滴虫、毛细线虫、绦虫和羽虱等。集约化饲养，尤其是高密度的群养，如果管理不善，忽视卫生防疫工作，鸽群极易发生寄生虫病，其中尤以蛔虫病传染最为严重，因为蛔虫的传播不需要中间宿主，而且在较潮湿的地面上，蛔虫卵能存活很长时间。

二、肉鸽的非传染性疾病

非传染性疾病是相对于传染性疾病而言的一类疾病，不具传染性，多是由于遗传缺陷、营养和代谢障碍、毒物或药物中毒，以及环境因素急剧改变或饲养管理失误等原因所引发。这类疾病在一般情况下其危害性虽不如传染性疾病严重，但在某些情况下，如水源严重污染或毒物中毒时也能造成严重损失。

饲养管理不善、环境卫生不良和种种应激是这类疾病发生的重要原因之一，特别是新引进的肉鸽或体质较弱的幼鸽对各种应激反应较敏感，饲养管理稍有不当，极易引起惊群、扎堆或诱发其他疾病。

现代肉鸽养殖的发展趋势是集约化和规模化，在目前对肉鸽的营养需要和饲养标准还缺乏系统研究的情况下，仅凭经验饲养或参照其他家禽的营养标准进行日粮的配合和饲养操作，也会导致肉鸽出现各类维生素缺乏病、营养不良症、无机盐缺乏症以及肥胖症等营养代谢性疾病的发生。

三、肉鸽疾病的诊断方法

肉鸽疾病的诊断方法在程序上与其他家禽疾病的诊断方法相同，包括临床诊断、实验室诊断和病理学诊断。临床诊断通常包括病史调查，病鸽个体检查，营养状态和发育情况检查，羽毛、皮肤及可视黏膜检查，呼吸系统检查，消化系统检查和

体温测定等；对某些疾病，特别是对无特征性症状和病变的疾病，为了得出确切诊断，需要把病鸽或病料送到兽医检验部门进行实验室检查。实验室检查主要包括细菌检查、病毒检查、寄生虫检查、毒物检查及血清学检查。实验室检查结果是疾病定性的最科学依据，肉鸽的多数疾病定性依赖于实验室的检查结果；病理学诊断通常包括病理剖检和病理组织学检查，前者主要检查病鸽体内、外各器官、系统和组织的眼观病变，而后者则用于检测病鸽有关病变组织的微细结构的改变。病理学检查对肉鸽的多种疾病的诊断均具有重要意义。病理剖检设备简单且易于进行，常能迅速地提供准确的诊断，或为进一步的病原学检查和其他相关实验室检测提供有价值的线索，有利于及时采取有效的防治措施，因此，是兽医人员经常采用的一种诊断方法。

四、肉鸽病史的调查内容

鸽群食欲、饮欲的变化，精神状态和排便情况的异常，往往是疾病发生时首先出现的症状，也是饲养者求医的原因。调查的内容主要包括：肉鸽的品种、龄期和发病的时间，病鸽的表现，有无治疗处理及其结果，饲养环境和卫生状况，日粮的配合及变化，鸽群的免疫接种等。为了较好而全面地了解有关病史，最好事先拟定一个病史调查提纲，主要包括：饲养者的姓名、联系地址及其电话；鸽群的基本情况，包括类别、品种、龄期和数量，免疫接种情况，发病时间，饲养环境、笼具及卫生水平，日粮组成及饲料添加剂；病鸽临床表现，包括精神状态、羽毛、食欲、饮欲、呼吸及运动状态、排便及粪便性状、发病率及死亡情况、其他异常；处理情况，包括是否已治疗、治疗措施及其效果等内容。

在现场进行疫情调查时，一般原则或程序是先检查健康群，后检查发病群；先检查健康鸽，后检查病鸽；先做一般性检查，后做各系统的详细检查。

1. 一般性检查（又称群体检查）

首先观察鸽群分布是否均匀，有无拥挤或扎堆现象；采食和饮水状态；粪便情况如何等。对笼养肉鸽，还应检查笼具大小，安装是否合适，有无破损，供料、供水系统是否适合，状态是否良好等。健康鸽精神饱满、活泼机敏。全身羽毛丰满整洁，具有光泽而富含脂质；双目明亮有神，无眼泪或眼屎；鼻瘤干净，有弹性，呈浅粉红色或粉红色，鼻孔润滑，稍湿润；嘴湿润干净，无臭无黏液或污秽物；呼吸平稳，30～40次/分钟，呼吸时不带声音；粪便呈浅褐色或灰色、硬，形如条状或螺旋状，粪便上有白色附着物；泄殖腔周围与腹下绒毛清洁而干燥；行走时步伐平稳，双翅有力，时飞时落，食欲旺盛等。

若发现有下列状况者可怀疑或确定肉鸽患病：精神委顿，反应迟缓，缩颈弓背，无精打采，不爱运动；羽毛竖立，蓬乱无光，翼羽下垂；避光喜暗，离群独立；羽毛松乱而无光泽，病鸽体形消瘦，呼吸浅表急促，呼吸时喘鸣或从喉头气管发出异常的声音；双目无神，或闭目似睡，有的还可出现浆液、黏液性或脓性分泌物，眼结膜色泽异常，眼睑肿胀发炎；有的病鸽出现扭头曲颈，甚至身体滚转、角弓反张、跛行摇晃、瘫痪卧地等；鼻瘤色泽暗淡，潮湿污秽，肿胀无弹性，手触有冷感，鼻孔过干或不时流出浆性、黏性及脓性鼻液。口腔黏膜过干、发臭，或口腔流出黏液，不时打哈欠等；食欲不振或不食，饮水量增加；雌鸽不哺育仔鸽；粪便松软，含水量多，严重者拉灰白、灰黄或绿色稀便，恶臭，甚至拉红色或黑色血便；泄殖腔周围羽毛污秽。

出现以上病症者应逐一挑出和做进一步的检查。

2. 病鸽个体的检查

个体检查的内容主要包括病鸽的精神、体态、羽毛、营养状况和发育情况、呼吸、目光、食饮欲等及各个系统的功能、结构有无明显的异常。包括精神状态和运动机能的检查，营养状态和发育情况检查，羽毛、皮肤和发育情况检查，呼吸系统

检查，消化系统检查和体温测量等。

(1) 对病鸽的精神状态和运动机能的检查　大多数疾病都能引起鸽子表现精神沉郁、毛松眼闭等症状。如出现昏睡或昏迷，多属代谢紊乱性疾病。严重传染病后期或某些中毒性疾病，愈后多不良。鸽子在许多疾病过程中，如禽霍乱、一些中毒病及外伤等，常使之出现翅、足的不全麻痹或麻痹；而某些传染病（慢性新城疫、脑型大肠杆菌等）、中毒病和维生素 B_1 缺乏症等则可引起运动机能亢进，临床表现为角弓反张、头部扭转或痉挛。

(2) 对病鸽的营养状态和发育情况的检查　肌肉消瘦、生长发育不良、矮小均为营养不良的症候，常见于营养缺乏症或慢性消耗性疾病。

(3) 对病鸽羽毛、皮肤及可视黏膜的检查　羽毛生长不良、粗糙、容易脱落，多与日粮中氨基酸（特别是含硫氨基酸）、维生素（如泛酸等）、微量元素（如锌等）的缺乏有关。亦可能是寄生虫病的一种表现，临床上可见啄羽等症状，但要与正常的换羽有区别。颈背部羽毛污秽不洁和有黏液、血液黏附，则可能提示为慢性呼吸道病、传染性鼻炎或传染性喉气管炎等疾病；肛周羽毛污秽，粘有粪便，则多为腹泻的特征。皮肤的检查应注意其有无创伤，颜色状态等有无异常。维生素E、硒缺乏或食盐中毒时，皮下（特别是胸腹部皮下）呈蓝紫色水肿，葡萄球菌病、绿脓杆菌感染等亦有类似的表现；皮下气肿多见于气囊破裂；皮肤干燥、皱缩是脱水的表现；颜面部肿胀可见于传染性鼻炎、禽流感，眼部的异常常与某些传染病（如鸽痘、禽流感、衣原体病）、寄生虫病、维生素 A 缺乏、外伤等有关。

(4) 对病鸽的呼吸系统的检查　呼吸系统检查包括呼吸的频率、状态和呼吸音等。正常情况下，肉鸽的呼吸频率为30～40 次/分钟，超过这个范围的上限即称为呼吸频率增加，或呼吸急促，或浅频呼吸；反之则称之为呼吸频率减缓，或呼吸深长。前者多见于发热、贫血、胸腔或肺部疾患；而后者则多见于昏迷、上呼吸道分泌物增多或异物引起的狭窄等情况。一般受凉感冒或传染性鼻炎、霉浆体病等多种呼吸道疾病均可见鼻液增多、呼吸加速和咳嗽。除上述症状外，还可见张口喘息、呼吸急促、两翅张开等症状。

(5) 对病鸽的消化系统的检查　消化系统的检查主要指口腔、舌、咽喉、嗉囊、腹腔脏器、泄殖腔和肛门的检查。目的是发现其色泽的变化，有无渗出物、创伤、炎症、溃疡、异物或寄生虫；嗉囊的肿胀程度及其性状；腹部是否胀满及其性状如何，泄殖腔黏膜有无充血、出血、坏死或溃疡；排便的情况、数量及其性状等。

在许多患传染性疾病过程中，或在嗉囊积食或梗塞、饲料发霉变质等情况下，常见食欲减少或废绝；而在断饲或限饲等长期饥饿后恢复供料，可见食欲亢奋和暴食；高温季节，腹泻，日粮中食盐、钾和镁含量高或食盐中毒，以及发生热性传染病时，鸽群饮水量增加，甚至会出现暴饮的现象。

口腔、舌面、咽喉出现炎症、结节、伪膜可见于维生素A缺乏症、鸽痘和念珠菌病等疾病；而黏液带血，则提示可能是传染性喉气管炎；硬嗉症时嗉囊膨大硬实，内充满干燥未消化的饲料或羽毛、泥沙等异物；软嗉症时则嗉囊膨胀，柔软下垂，倒提时从口中流出大量酸臭液体，多由食入发霉变质的日粮所致，发生禽霍乱等传染病时亦可发生类似情况；腹部触诊有助于了解腹腔内部的一些情况，如有无肿瘤或异物，雌鸽是否蛋滞留，肝脏是否肿大及其质地是否正常，有无腹部膨胀下垂，有无波动感、腹水等现象存在，此类现象多见于卵黄性腹膜炎、大肠杆菌病、肝肿胀、腹水综合征等；腹泻是许多疾病的一个症状，多见于肛门羽毛污秽和粘有稀粪，依据粪便的性质、色泽等常能为临床诊断提供有用的信息。

(6) 对病鸽体温的测定　病鸽的体温也可为疾病的诊断提供必要的线索。一般来说，患急性传染病时，病鸽的体温多有

不同程度的升高，临死前则常有体温下降；慢性传染病病例则通常发热不明显；中毒性疾病和营养代谢性疾病，其体温多属正常范围，或稍低于正常值。热应激（热射病或中暑）时，体温常有明显的升高。

五、肉鸽的病理学诊断

病理学诊断通常包括病理剖检和病理组织学检查，前者主要检查病鸽体内、外各系统器官和组织的眼观病变；而后者则用于检测病鸽有关病变组织的微细结构的改变。病理学检查对肉鸽的多种疾病的诊断均具有重要意义。病理剖检设备简单且易于进行，常能迅速地提供准确的诊断，或为进一步的病原学检查和其他相关实验室检测提供有价值的线索，有利于及时采取有效的防治措施，因此，是兽医人员经常采用的一种诊断方法。

1. 肉鸽的病理解剖检查

在进行病情、病史的了解和现场调查的基础上，对病（死）鸽进行病理学的解剖检查十分必要。剖检前应准备一把手术剪、一把外科小手术刀、一把外科镊子、一把骨钳或大剪刀、一个大瓷盘。剖检时应逐只编号，作好记录，并遵循下述步骤进行检查：

（1）外部检查　解剖活的病鸽前应观察其一般体态情况，包括有无运动失调，震颤，麻痹，鼻瘤、羽毛、皮肤是否正常，视觉、呼吸有无障碍，以及精神状态和鸽体肥瘦等。其中天然孔的检查应注意口、鼻、眼等有无分泌物、排泄物及其数量和性状等；鼻窦有无肿胀，检查时在鼻孔前将喙的上部横向剪断，以手稍压鼻部，看有无分泌物流出；检查泄殖腔内黏膜的变化则应注意内容物的性状及其周围羽毛有无粪污等情况；皮肤的检查则应注意嘴角、鼻瘤及各处皮肤有无痘疹或皮疹、创伤。此外，还应检查脚部有无趾瘤、肿胀，关节有无肿胀，脚部骨骼有无变形、弯曲等。

(2) 体腔检查　外部检查后，用消毒水将鸽体羽毛浸湿，以免羽毛飞扬而影响工作和散播病原。然后将尸体仰卧平放在解剖盘或解剖台，用剪刀剪断鸽双侧大腿与腹壁之间的皮肤和筋膜连接，随后用力将两大腿向外翻压，直至关节脱臼，使鸽体呈背卧位平放于瓷盘上。然后，从泄殖腔沿腹正中线向前至喙部先拔去羽毛后纵行切开皮肤，向尸体两侧剥离皮肤，同时观察皮下结缔组织及胸肌情况，必要时沿胸骨突两侧纵向切开胸大肌和胸小肌，观察肌肉组织及肌间组织有无异常。而后，于后腹部横向切开腹壁，用剪刀沿此切口两侧向前剪断肋骨、乌喙骨及胸骨，将整个胸廓向前上方掀开，体腔便全部暴露出来。此时应注意观察，各部位气囊及体腔内各脏器的状态，正常的气囊膜透明、薄而有光泽，如见混浊、增厚或有渗出物出现或增生物附着即属异常。体腔内各器官表面应湿润、有光泽，若体腔内液体增多，或有黏稠性渗出物，或有其他异物则为异常。从嗉囊后面将食道剪断，把腺胃、肌胃、肝、脾、肠等一并摘出，然后取出心脏、生殖器官，再用刀柄将肺及肾脏剥离出来。由嘴角向后剪开口腔、咽喉及食道、嗉囊，摘下腔上囊，最后对上述各组织器官一一进行检查。

(3) 各器官的检查　心脏检查应注意其外观形状、大小、心外膜的状态，然后打开两侧心房和心室，并检查心内膜、心肌的色泽和质地等变化；肺脏应注意观察其颜色和大小，指压检查其肺泡的虚实程度及组织内有无结节形成。然后再作切面检查，注意切面是否有多量血液或其他性质的液体流出，切面的颜色和结构有无异常；肝脏、脾脏和肾脏应检查其大小、颜色、质地有无改变，表面及切面的状态，有无坏死和出血点；腺胃和肌胃的检查应先将腺胃和肌胃一起剪开，检查腺胃壁的厚度，内容物的性状，黏膜及腺体的状态，有无寄生虫存在，肌胃角质膜的状态，剥离后肌胃壁的状态；肠管应先观察肠系膜和肠浆膜的情况，然后剪开肠管并检查其内容物的颜色、性状、气味，有无寄生虫和肠黏膜的种种变化；卵巢应注意检查

其卵泡的形态和色泽，以及表面血管的状态；睾丸则观察其大小、颜色、表面及切面的变化。

2. 对病鸽进行剖检时的注意事项

(1) 剖检地点最好在有一定设备的病理解剖室内进行。如必须在野外或临时的场地进行剖检，应选择远离鸽场（舍）、水源及人员来往较少的地方。

(2) 运出病死鸽时，应用密闭不漏水的容器装载，以防病鸽羽毛、粪便或天然孔中的分泌物、排泄物沿途散落。病鸽或死鸽的血液、排泄物和胃肠道内容物不要随便倒泼，应收集于适当的容器内，然后消毒处理，以免污染周围的环境和土壤。

(3) 剖检用过的器械、用具、解剖台，以及解剖处的地面，都应洗涤清洁和消毒。

(4) 剖检后的尸体，或深埋，或焚烧，或高温处理后作饲料用，但必须保证消毒完善，安全无害。解剖员应做好自身的防护工作，穿上工作服、长统靴鞋。剖检过程中，手部如扭伤出血，应立即停止工作，并用清水把手洗净，伤口处涂上碘酊或用0.05%的新洁尔灭溶液冲洗消毒，戴上橡胶手套后再继续工作。解剖完毕后，对伤口再进行清洗、消毒并作适当处理。

六、肉鸽病理组织学的检查程序

病理组织学的检查程序一般包括组织的采集、固定、冲洗、脱水、包埋、染色和镜检等一系列过程，通常要在具有一定仪器设备和具有经验的专业人员的实验室内进行。必要时，按要求采集有关样品送检。病料送检的具体方法如下：

1. 送检完整的尸体

如果是短途送检，将刚死亡或处于濒死期的病鸽装到纸箱中，箱内放置用塑料袋封好的冰块，再将箱封严送检，时间不要超过12小时；若为长途送检，应对新死亡的尸体预冻，然后装在保温箱中，再冰镇后送检。所用器皿等用后必须经过严格消毒处理。

2. 送检病料

用于盛放病料的器具可以是灭菌的三角烧杯或一次性方便袋。一般要求供细菌学检查的脏器病料放入30%的甘油生理盐水中保存；供病毒学检查的材料放入50%的甘油生理盐水中保存；供组织学和电镜检查的病料放入10%的戊二醛溶液中保存。但对很多养殖户或养殖场来说，都不容易达到这些要求，因此，通常要求将新鲜病料采集后放在容器或一次性方便袋中，封严后将其放入保温瓶中，内加足量的冰块后立即送检，如途中不超过24小时，一般对检验结果无影响。

3. 多个病料同时送检

如送检多个病料，不要将同类脏器放一块，一定要注意每个脏器分别使用一个单独的容器或方便袋。多个病鸽病料送检要标明鸽号，以免混淆。以甘油生理盐水或戊二醛保存的病料，常温下送检即可。

禁止送检死亡过久或腐败变质的病料，这种病料的诊断毫无意义，而且还拖延了诊断时间，对疾病的及时有效控制极为不利。

4. 送检人员

要求送检人员对病鸽的整个发病情况应十分了解，或有详细的记录，最好是现场技术人员直接送检。这样能提供病鸽发病过程的全部信息，这对实验室诊断工作者来说是十分重要的，可有目的地进行检验，既节省时间，结果又可靠。

七、实验室检查

实验室检查主要包括细菌检查、病毒检查、寄生虫检查、毒物检查及血清学检查。实验室检查结果是对疾病定性的最科学依据，肉鸽的多数疾病定性依赖于实验室检查结果。

对某些疾病，特别是对无特征性症状和病变的疾病，为了得出确切诊断，需要把病鸽或病料送到兽医检验部门进行实验室检查。

当怀疑细菌性或其他传染病时，应在无菌条件下采集死鸽的肝、脾、心等组织或心血凝块，放在经水煮过灭菌的青霉素、链霉素瓶内，送到兽医检验部门。最好是送检明显发病的病鸽或病死鸽，由检验人员直接采病料做病原检查；怀疑饲料或药物中毒时，可取少量现用饲料及胃内容物，装在干净塑料袋或玻璃瓶内送到化验部门作毒物分析。对肉鸽传染病诊断及免疫抗体水平监测需用血清学检测。首先用带7～8号针头的注射器，由肉鸽翅膀根内侧静脉采血，将采集的血注入干净的小试管或青霉素、链霉素瓶内，室温下静置6～10小时，使血清自然析出，也可待血凝后立即送到兽医检验部门，但应避免血液因冻结、溶血而影响检测结果。

第三节　肉鸽疾病的综合防治措施

一、肉鸽疾病预防的基本措施

肉鸽的抗病力较强，通常情况下极少暴发流行性传染病，但因其实行高密度的集约化饲养，为防止不必要的经济损失，生产上仍与其他家禽一样坚持“预防为主，防治结合”原则。

二、疫苗的使用原则

疫苗的种类有很多，各有优缺点和适用范围，不可乱用，否则不但起不到预防疾病的作用，反而会影响到肉鸽的健康，甚至会把本来没有的疾病引入。因此，必须根据不同情况，慎重选择疫苗，以使鸽群获得较强的免疫力。

需要接种哪种疫苗，主要取决于当地流行的或可能流行的疾病种类，对当地没有威胁的疫病可不接种疫苗，尤其是毒力较强的活毒苗或活菌苗，更不能轻率地引入从未发生过该种疫病的地区，以免出现新的传染源。至于选择什么类型的疫苗，则应根据疫病的流行程度来决定，一般流行较轻的，可选择温和一点的疫苗；疫病流行情况较严重时，则要选择效力较强的疫苗，目的是使疫苗接种后产生的抵抗力与疫病的流行情况相适应。

有些疫苗往往有几个品系，初次接种时应选择毒力较弱的品系，而重复接种（又称强化接种）则应选择毒力较强的品系。

各种疫苗的稀释剂、稀释倍数及稀释方法等都有一定的规则，在使用时应严格按照说明操作，否则疫苗滴度下降，影响免疫效果。稀释疫苗的用具必须洗净后经煮沸消毒。在疫苗使用前要先检查标签上的有效日期，离截止有效期越近，疫苗中病毒或细菌死亡数也就越多。疫苗稀释后应尽快用完，活毒苗一般应在4小时内用完，未用完的疫苗应废弃掉，不要隔天使用。

对各种疫苗或菌苗的运输、保存条件要有充分的了解。因为疫苗或菌苗均为生物制品。若运输保存方法不当，则可导致疫苗或菌苗变性失活，降低或丧失免疫效果，一般要求疫苗或菌苗应冷藏包装运输，使用单位收到疫苗后，应立即将其存放于0℃低温环境中。保存期限按各自疫苗的具体规定而定，温度不同，保存的时间也不同，凡是未按规定贮存或贮存时间过长的均不得使用。

三、肉鸽免疫接种的方法和途径

适合于肉鸽的免疫接种方法有很多，如滴鼻或滴眼、翼下刺种、皮下或肌内注射、饮水法及气雾法等。采用哪种方法，应视具体情况而定，既要考虑工作方便及经济成本，又要考虑疫苗的特性及免疫效果。

1. 滴鼻或滴眼

滴鼻或滴眼是使疫苗从呼吸道进入体内的接种方法，适合于幼雏采用。新城疫Ⅱ系、Ⅳ系疫苗及传染性支气管炎、传染性喉气管炎弱毒型疫苗可通过滴鼻或滴眼的方法进行接种。在

进行接种时，先将500羽份的疫苗稀释在25毫升生理盐水中，充分摇匀，每只幼雏的眼结膜或鼻孔处滴一滴（约0.05毫升）。滴鼻时用左手握住鸽子，使一个鼻孔向上，用手指堵住另一只鼻孔，右手拿滴管，对准向上的鼻孔缓缓滴入，使其自然吸入；点眼时，一个助手握住鸽的双翅和两条腿，操作者左手固定鸽头，使一侧的眼睛向上，右手持塑料滴管眼瓶，将疫苗滴进眼里。也可把500羽份稀释在50毫升的生理盐水中，然后给每只幼雏的眼结膜和鼻孔处各滴1滴。

2. 翼下刺种

适用于鸽痘疫苗和新城疫Ⅰ系疫苗的免疫接种。接种时，将1000羽份疫苗稀释于25毫升生理盐水中，充分摇匀后用刺种针蘸取疫苗，刺种于肉鸽翅膀内侧无血管处，幼鸽刺种1针，成鸽刺种2针，每刺种一针，需蘸取一次疫苗。

3. 皮下或肌内注射

一般皮下注射的部位多选取颈背部皮下，接种时，把500羽份的疫苗稀释于100毫升生理盐水中，然后每只幼雏注射0.2毫升。肌内注射的部位主要是胸肌和腿肌，采用肌内注射时，应注意顺着肌纤维向前运针，以免垂直运针时，刺入心脏或胸腔造成死亡。此法适合于禽霍乱弱毒苗、灭菌苗及新城疫Ⅰ系疫苗的免疫接种。这种免疫方法的稀释倍数，常随鸽龄的不同，而应进行相应的调整。一般1000羽份的疫苗，1～4周龄时加生理盐水200毫升，每只雏鸽注射0.2毫升；5～10周龄时，加生理盐水200～500毫升，每只注射0.2～0.5毫升；10周龄以上时，加生理盐水500～1000毫升，每只注射0.5～1毫升。

4. 饮水免疫

饮水免疫是目前较为常用而且比较方便的一种免疫方法，适合于大多数疫苗。由于采用饮水免疫时往往会因为种种原因，造成每只鸽的饮用量不同，免疫效果参差不齐。因此，为使饮水免疫达到一定效果，疫苗必须选择高效价的，稀释用水中不得含有氯、锌、铜、铁等可使疫苗效价降低的物质，必要时可采用蒸馏水。同时，要注意饮水器具充足。为保证疫苗能够在短时间内饮完，疫苗的稀释倍数应根据鸽的日龄作适当的调整，一般 1000 羽份的疫苗，1 周龄时加水 5000 毫升；2～4 周龄时加水 10000 毫升；5～10 周龄时加水 20000 毫升；10 周龄以上时加水 40000 毫升，并于饮疫苗水前停水 2～4 小时。

5. 气雾免疫

气雾免疫是用喷雾将疫苗或菌苗喷洒于空气中，让鸽体吸入而达到免疫的方法。气雾免疫适用于密集饲养的情况，具有省时、省力、免疫力产生快的特点，但技术要求较严格，操作不当会造成无效或出现其他问题。气雾免疫必须注意粒子的大小、鸽的日龄和密度、喷雾方法等。一般在鸽群 10～25 日龄后进行效果较好，且比较安全，如果鸽龄较小，气雾免疫时易激发呼吸道疾病。喷雾时，应将门窗密闭，以免雾化粒子流失。鸽的密度按雏鸽每平方米容纳 15 只左右，中鸽 20 只左右，成鸽 11 只左右为宜。雏鸽宜选用 80%粒子在 20～50 微米或更大粒子的喷枪，中成鸽采用 80%粒子在 5 微米以下的喷枪。进行气雾免疫时，要注意喷枪的主气流不能对着鸽体，而应使喷枪的主气流平行于鸽头部上方约 10～50 厘米处上下左右喷射，注意驱赶鸽群，使之吸入均匀，喷后使气雾在室内停留 5～10 分钟，然后打开门窗通气。气雾免疫在黎明、傍晚或阴天时进行效果更好。免疫时疫苗的稀释倍数也应根据鸽的日龄作相应的调整。一般 1000 羽份的疫苗 1 周龄时加水 300 毫升，2～4 周龄时加水 500 毫升；5～10 周龄时加水 1000 毫升；10 周龄以上时加水 200 毫升。

四、提高肉鸽场综合抗病能力的措施

1. 加强管理

不同日龄的肉鸽，对外界环境的要求及疾病的抵抗能力都有很大的差距。因此，不同日龄的肉鸽尽量不要混合饲养，在保证饲料及饮水安全卫生的前提下，尽量减少预防性药物的供给量及种类，更不能长时间地使用同一种药物，以免病原菌产生耐药性，一旦发病难以控制。杜绝市场上的肉鸽产品进入生产区，场内的工作人员除要做好卫生消毒工作以外，家中不得饲养肉鸽。

2. 搞好环境卫生

生产区内的粪便、垃圾及乱草等往往是鼠类及蚊蝇的藏身和繁殖场所，如不及时清除，它们所携带的一些病原菌或寄生虫往往会通过饲料、饮水及垫草等传染给肉鸽。因此，对房舍内及运动场上的粪便应定期清除，室内垫草也要及时更换、翻晒，运动场上的表土每年至少要更换或深翻一次，最大限度地减少疾病的传播途径。

3. 坚持严格的消毒制度

合理的消毒制度是预防疾病传播的有效措施，肉鸽场的消毒，主要包括人员消毒、鸽舍消毒及装运工具的消毒。

(1) 人员消毒　所有进入生产区的人员，一律换上工作服后再进入生产区。在生产区穿戴的工作服、鞋、帽等不得穿出生产区，工作服应至少每周清洗、消毒一次。对参观人员，在进入生产区前也要进行严格消毒，进入生产区后应有专门的人员陪同，严禁参观者与肉鸽及饲料等直接接触。

(2) 鸽舍消毒　鸽舍的消毒有很多方法，如熏蒸、喷雾、喷刷、火焰喷烧等。无论采用哪种方式，在消毒前必须经过彻底的清扫与冲刷，以增强消毒效果。

(3) 装运工具的消毒　出入鸽场的蛋箱、笼具、出雏盘及运输车辆等必须先洗刷干净，晾干或晒干后，放到密闭的房间内用福尔马林等熏蒸5～10小时，药量与熏蒸种蛋的用量相同。

五、肉鸽场常用的消毒药物

肉鸽场常用的消毒药有氢氧化钠、石灰乳、漂白粉、来苏尔、新洁尔灭、甲醛、消毒净、百毒杀等。由于不同的病原体对不同的消毒药敏感度不同，因此，消毒时要根据消毒对象和病原体的种类选择，同时要准确掌握药物的剂量、浓度、作用时间等，其使用方法通常有喷洒、撒布、浸泡和熏蒸等。

（1）氢氧化钠　又称火碱。氢氧化钠有强烈的刺激性与腐蚀性，对细菌、芽孢和病毒都有强大的杀灭能力，对寄生虫也有杀灭作用，对铝制品、纺织品有腐蚀作用。常用其1%～2%溶液，消毒时，应将肉鸽驱出舍，并间隔0.5～1天，用水冲洗地面、用具后，再放入肉鸽。

（2）石炭酸　又称苯酚。石炭酸能杀灭细菌、真菌和某些病毒。本品有强烈的刺激性和腐蚀性，较容易从皮肤及创面吸收中毒。常配成3%～6%的溶液喷雾消毒鸽舍地面、栖架、产蛋箱及其他用具。配制溶液时，先将石炭酸水浴加热至43℃待溶，然后加入1/10容量的水，使成液态，最后加水配成所需浓度。

（3）高锰酸钾　又称灰锰氧，为强氧化剂，能放出新生态氧而呈杀菌作用。其水溶液如放置过久，则逐渐还原失效，故应现配现用，或与福尔马林加在一起，用甲醛气熏消毒。本品可用于预防各种传染病。4%～5%的溶液可治疗皮炎、烧伤。成年鸽中毒致死量为2克。

（4）过氧乙酸　又称过醋酸，本品在低温下也有杀菌作用。它是一种强氧化剂，0.2%溶液浸泡数分钟即可杀死各种繁殖型细菌，0.02%溶液1分钟可杀死真菌，0.5%溶液10分钟可杀死禽结核菌和各种芽孢杆菌。如用含20%过氧乙酸配成0.2%过氧乙酸溶液3000毫升，则需20%过氧乙酸30毫升。但浓度过高（8%以上）能灼伤皮肤，其蒸气有刺激性，使用时应注意。

（5）福尔马林　又称甲醛溶液，通常含甲醛不少于36%。本品有很强的杀菌作用，能杀死细菌、芽孢和多种病毒，对皮肤和黏膜有刺激性，蒸发很快，只起表面消毒的作用。常用

50％～10％的溶液作鸽舍、巢盆等的消毒，一般常和高锰酸钾混合气熏消毒鸽舍、巢盆和种蛋等。

(6) 新洁尔灭　又称溴苄烷铵，具有较强的去污和消毒作用，抗菌范围较广，杀菌力强而快，对多数革兰阳性菌、阴性菌均有杀灭作用，但对病毒效果较差，也不能杀死结核杆菌、霉菌和炭疽芽孢。常用0.05％～0.2％水溶液喷雾消毒，杀灭病原菌，用0.01％～0.05％溶液作黏膜和创伤冲洗，用0.1％溶液作皮肤、手指和术部的消毒。

此外常用的化学消毒药物还有生石灰（氧化钙）、草木灰、漂白粉、来苏尔（煤酚皂溶液）、碳酸钠（纯碱）、环氧乙烷、次氯酸钠、酒精、碘酒、双氧水（过氧化氢溶液）、洗必泰等。

六、鸽群发生传染性疾病应采取的措施

工作人员在日常饲养管理过程中，若发现鸽群有异常表现，怀疑发生了某些传染性疾病时，应尽快采取紧急措施控制和扑灭传染病。

(1) 隔离病鸽，尽快作出诊断　鸽场一旦发现病鸽，就应立即采取隔离措施，将病鸽剔出，隔离饲养，并派专人管理病鸽，病鸽的一切用具均应专用。在采取隔离措施的同时要尽快对鸽病进行确诊，对症下药，以达到良好的控制效果。确诊工作需要饲养管理人员密切配合，应对病鸽的临床表现进行仔细观察，包括发病的数量、死亡情况等，必要时应送实验室检验。送病料时应注意选择有代表性的个体，应包括重症、轻症、初期和后期的病鸽，运送时要避免病料成为新的传染源。回场后运送人员及用具、车辆都要进行严格的消毒。

(2) 采取封锁措施，以免扩大传染　疫病确诊后，应根据所发生的传染病特性，采取相应的封锁措施，划定封锁范围，将疫情就地扑灭。在封锁期间，不得调入或调出鸽子及其产品，更不能允许其他畜禽出入封锁区，以免扩大传染范围，造

成更大范围的疫病流行。

(3) 紧急预防接种，防止疫情蔓延　在隔离封锁的同时，在疫病流行的初期对健康鸽群作紧急预防接种，以保持健康鸽群免受侵袭。

(4) 治疗和淘汰病鸽，处理病死鸽，消灭传染源　对于细菌性疾病可以用药物治疗的应及时用药，以尽量减少因死亡所造成的损失，对于没有治疗价值的病重鸽应迅速淘汰，若需继续利用，须在兽医监督下加工处理。死亡的病鸽及屠宰加工后废弃的羽毛、血、内脏应深埋或烧毁。

(5) 严格消毒，消灭环境中的病原微生物　在封锁期间定期消毒，等所有的病鸽全部治愈或全部处理完毕，经过2周再没有新的病例发生时，再进行一次彻底的消毒，才能解除封锁。

七、肉鸽疾病治疗的基本原则和方法

治疗是疾病发生后的一种补救措施，目的是尽快控制和扑灭疫情，将各种损失减少到最低限度。其治疗原则是及时诊断、及时治疗。治疗方法主要是进行药物治疗，必要时亦可进行外科手术治疗。

1. 药物治疗

药物治疗方法是指运用一种或数种药物对病鸽（群）进行局部或全身性治疗，以消除病原因素，促进鸽体正常生理机能的恢复。根据肉鸽本身的特点，结合具体的疾病，有多种给药方法：

(1) 拌料投药法　此法又称拌料给药法。即将定量的药物均匀地拌在饲料中让病鸽采食的方法，是最常用的方法之一，具有省工、省时、鸽群应激小等优点。

(2) 饮水投药法　这是一种最简便的给药方法。很多情况下，病鸽虽食欲减退，甚至废食，但常仍能继续饮水。

(3) 注射投药法　采用本法给药需逐只操作，个体应激较大，且较为费工费时，但对于食、饮欲完全废绝，病情严重，尤其是处于濒死状态的病鸽，这种给药方法切实可行。注射给药包括皮下注射、皮内注射、肌内注射、静脉注射和腹腔注射等。

(4) 经口投药法　经口投药法是指将药物通过滴管、注射器等器械，或用手直接送入病鸽的口腔或嗉囊内的给药方法。

(5) 体外给药法　体外给药主要是指将药粉或药液喷洒、涂布于病鸽体表的一种用药方法。

(6) 环境用药法　为控制和消灭鸽体外寄生虫以及蚊子、苍蝇等有害昆虫，常选用适当的杀虫剂施布于笼具、垫料、栖架等处以及与肉鸽生活密切相关的周围环境。

2. 手术治疗

对名贵优良品种肉鸽肿瘤的切除、骨折的整复等，可根据具体的情况采用相应手术方式。

3. 药物预防应注意的问题

在饲料或饮水中添加适量的抗生素、抗球虫药、抗霉菌药等可有效地控制某些传染病和寄生虫病的发生，促进肉鸽的生长发育。但是若使用不当，也常会引起副作用，甚至会造成公共危害。例如人们长期食用含有药物残留的动物制品，便会发生过敏反应、致畸、致突变和致癌等不良后果。所以在用药时应充分注意以下问题：

(1) 严格按照规定的使用方法、用量及使用条件进行投用，不可滥用。过多、过频或超剂量使用某种药物常会导致肉鸽肠道内的某些菌群产生耐药性，并且引起肉鸽肠道内正常菌群紊乱。造成产品内药物残留，影响消费者身体健康。

(2) 按照世界卫生组织的规定，畜禽饲料中的抗生素不论是单独使用还是合并使用，其用量均不能超过每千克饲料 20 毫克，并且仅限应用于动物生长的早期。

(3) 对于容易导致产生耐药性的抗生素，应禁止使用。

(4) 有些药物如磺胺类、痢特灵等对机体的副作用较大，长期使用可能影响到机体的免疫机能，降低鸽子自身的免疫力，所以在选择添加预防性药物时，不宜长期或超剂量使用这类药物。

(5) 不论用哪一种药物预防疾病，均不能时间太长，一般用3～5天，不得超过1周。肉鸽在出售前2周，应停止应用各种抗生素，以免造成鸽产品中的药物残留。

八、肉鸽的常用治疗药物及使用方法

1. 恩诺沙星

恩诺沙星属氟喹诺酮类药物，具有抗菌谱广、吸收迅速、低浓度即可杀菌的特点，对大肠杆菌、沙门菌、巴氏杆菌、支原体等抗菌作用优于庆大霉素、氯霉素、氨苄西林（氨苄青霉素）等常用抗菌药。内服用量按每千克体重5毫克拌料或饮水，连用3～5天。

2. 环丙沙星

环丙沙星属第三代氟喹诺酮类新药，是目前最强的抗铜绿假单胞菌药。对大肠杆菌、金黄色葡萄球菌等革兰阴性菌和阳性菌均具有显著的杀灭作用，且不易产生耐药性，但不宜与红霉素合用。环丙沙星对防治禽类的大肠杆菌病、铜绿假单胞菌病（绿脓杆菌病）、沙门菌病及慢性呼吸道疾病等呼吸系统疾病有较理想的作用和疗效。用量为每千克饮水中加入25～50毫克，相当于每千克体重用药8～10毫克，每天2次，连用3天。

3. 氟哌酸

氟哌酸为新型的合成广谱抗菌药。对革兰阴性菌作用强，可用于治疗沙门菌病、禽白痢、大肠杆菌病等。使用时因其剂型不同而有差异。氟哌酸胶囊，口服每千克体重10～20毫克，每天2次；拌料每1000千克饲料中加入50～100克，连用5～7天；使用氟哌酸可溶性粉剂时，每升饮水中加2～2.5克；

肌内注射氟哌酸注射液，每千克体重5～8毫克，每天1～2次。

4. 强力抗或灭败灵

强力抗或灭败灵为广谱抗菌剂，对大肠杆菌、巴氏杆菌、沙门菌和支原体都有杀灭作用。主要用于治疗大肠杆菌病、霍乱、伤寒、副伤寒、白痢和急性呼吸道疾病等。使用强力抗时每瓶药液加水25～50毫升，搅匀后，任其饮服2～3天，预防时用量减半；胸肌注射，每瓶加生理盐水至250毫升，按每千克体重注射0.5～1毫升，每天1次，连用1～3天。口服灭败灵则每千克体重4毫升，肌内注射每千克体重2毫升，每天1次，连用1～3天。

5. 青霉素

青霉素为窄谱抗生素，抗菌作用强，低浓度时起抑菌作用，高浓度时有强大的杀菌作用。主要对多种革兰阳性菌及部分阴性球菌、各种螺旋体和放线菌有杀灭作用。口服可治疗白痢和球虫病，肌肉注射可治疗霍乱和葡萄球菌病等。治疗量为饮水3000～5000单位/只，每天3～4次，连用3～5天；成鸽肌内注射，每只每次10万～20万单位，每天2～3次，连用3～5天。青霉素遇水分解，用于饮水时应现用现配，并在1～2小时内喝完。青霉素与四环素、卡那霉素、庆大霉素、氯霉素及磺胺类药物有拮抗作用，不宜混合使用。青霉素注射剂遇碘酊、高锰酸钾、高浓度甘油和酒精时易被破坏而失效；遇金属盐沉淀失效；遇氯丙嗪等酸性药物则分解失效，使用时应注意。

6. 链霉素

链霉素对多数革兰阴性菌具有抑制和杀灭作用。常用于治疗霍乱、伤寒、副伤寒、白痢和慢性呼吸道疾病等。治疗时，每千克体重口服硫酸链霉素片剂2万～3万单位，每天2次；硫酸链霉素粉针剂注射时，成鸽一次注射0.2～0.3克，幼鸽为0.05～0.1克，每天2次。为增强药效，常与青霉素、头孢菌素类等抗生素联合应用，但与红霉素、新生霉素水溶液混合，可产生混浊沉淀，使药效降低。酸、碱或氧化剂、还原剂等物质对链霉素有破坏作用。链霉素与卡那霉素、庆大霉素之间有部分交叉耐药性。此外，细菌与链霉素接触后极易产生耐药性，用量过大或长期使用会造成机体中毒。

7. 北里霉素

北里霉素对革兰阳性菌、部分革兰阴性菌、霉形体（支原体）和衣原体等有效，特别是对霉形体的作用更强。常用于治疗慢性呼吸道疾病，小剂量应用还具有促进生长、提高饲料转化率的作用。皮下或肌内注射酒石酸北里霉素时，每千克体重注射20～50毫克，每天1～2次。用酒石酸北里霉素粉剂饮水时，每升水中加药250～500毫克，5天为一个疗程，或每千克饲料中加药400～500毫克，7天为一个疗程；作为促进生长、提高饲料利用率添加时，每千克饲料中添加5.5～11毫克，但不建议在肥育乳鸽饲料中添加，以免造成公共危害。

8. 泰乐菌素

泰乐菌素又称泰农，是专为畜禽研制的一种抗生素制剂，对革兰阳性菌的作用较弱，而对霉形体的抗菌作用较强，常用来治疗由霉形体感染所引发的慢性呼吸道疾病，也可用于敏感细菌引起的肠炎、肺炎和螺旋体病的治疗。治疗用量为每千克体重口服泰农水溶性粉剂20～25毫克，每天1～2次，或以0.05%的浓度饮水，连用5天；每千克饲料中加药200～500毫克也具有治疗作用。采用泰农注射液时，每千克体重肌内注射20～25毫克，每天1次。此外，用0.15%～0.2%的泰乐菌素水溶液浸泡种蛋，可预防幼鸽的呼吸道疾病。

9. 卡那霉素

卡那霉素对大肠杆菌、沙门菌、巴氏杆菌及痢疾杆菌等有较强的杀灭作用，对金黄色葡萄球菌、链球菌及部分真菌和霉形体也有一定的抑制作用，主要用于治疗伤寒、副伤寒、白痢、霍乱、大肠杆菌病及败血症等。使用剂量为：硫酸卡那霉

素片，每升饮水中加50～150毫克或每千克体重内服40毫克；肌内注射硫酸卡那霉素注射液时，每千克体重注射15～20毫克，每天2次。

10. 红霉素

抗菌谱与青霉素相似，适用于治疗葡萄球菌病、慢性呼吸道病、传染性鼻炎、溃疡性肠炎、坏死性肠炎、传染性滑膜炎、链球菌病及丹毒病等，对霉形体病也有一定的作用。治疗时，可饮用0.01%浓度的水或按0.01%～0.02%的比例拌料，连用5天。缓解应激反应时可按10毫克/千克拌料或饮水。用0.15%～0.2%的水溶液浸泡种蛋，可预防霉形体病。

11. 制霉菌素

本品对多种真菌的生长具有较强的抑制作用，但对细菌无效，主要用于治疗和预防曲霉菌病、念珠菌病及冠癣等真菌性疾病，还具有一定的抗球虫作用。本品对肌肉等组织有较强的刺激作用，多采用口服或气雾等方式给药。治疗时每千克体重喂服制霉菌素片3万～5万单位，每天1～2次，连用3～5天；也可以每千克饲料中加药80万～100万单位，连用1周。采用气雾法给药时，每立方米的用药量为30万～60万单位。

12. 强力霉素

强力霉素对溶血性链球菌、葡萄球菌等革兰阳性菌，多杀性巴氏杆菌、沙门菌、大肠杆菌等革兰阴性菌，以及霉形体均有较强的抑制作用。其作用效力要比四环素、土霉素强，而且对它们已耐药的细菌对本品仍然敏感，对呼吸道感染除具有抗菌作用外，还有一定的对症治疗作用，如镇咳、平喘与祛痰等，常用于慢性呼吸道疾病、大肠杆菌病、沙门菌病、霍乱等。治疗时每千克饮水中加入本品50～100毫克。

13. 复方敌菌净

复方敌菌净属磺胺类药物，在肠道内因不易被吸收而保持较高的药物浓度，常用于治疗球虫病、白痢、伤寒、副伤寒、霍乱、大肠杆菌病及其他肠道感染性疾病。使用剂量为：每千克体重灌服10～15毫克，每天2次，或每千克饲料中拌药150～200毫克。口服复方敌菌净片，每千克体重25～30毫克或按0.03%浓度拌料，每天2次，连用3～5天。

14. 克球粉

克球粉又称可爱丹，可作为球虫病的预防药物和感染初期的治疗药物。本品的毒性较低，在每千克饲料中混入120～150毫克，即可起到治疗作用。但用药时间过长，会造成肉鸽对球虫的免疫力下降，甚至在停药后会暴发球虫病，因此应注意与其他抗球虫药交替使用。

15. 盐霉素

盐霉素又称优素精、沙利霉素、球虫粉。本品为抗球虫类药物，对多种球虫具有抑制和杀灭作用。但本品的安全范围较窄，会影响肉鸽对球虫的免疫机能，并有较大的毒性，在临床应用时要慎重。使用时，每千克饲料中拌入50～60毫克，预混剂（优素精）可按实际药物含量来计算。

16. 莫能菌素

本品是从国外进口的一种新型抗球虫制剂，几乎对所有种类的球虫都具有较强的作用，尤其是在球虫生长发育的前期，效果更为显著。一般情况下，球虫很少对本品产生耐药性，是目前比较理想的抗球虫药。使用时，每千克饲料中加入莫能菌素粉100～120毫克，预混剂则按其所含有效药物成分计算。本品禁止与甲硝唑、泰乐菌素、竹桃霉素并用，以免造成中毒。另外，莫能菌素对皮肤、眼睛有刺激作用，应用时要注意。

17. 左旋咪唑

左旋咪唑为人工合成品，临床上常用其盐酸盐和磷酸盐，属高效、低毒、广谱驱线虫药物，对肉鸽的蛔虫、异刺线虫、毛线虫和气管线虫等有效。使用时，可按每千克体重投药24毫克，驱除蛔虫；或按每千克体重36毫克，驱除异刺线虫或

毛线虫等。

18. 蝇毒磷

用于杀灭寄生于肉鸽体表的螨、跳蚤、羽虱等。本品为油乳剂，使用时加水配成0.03%的乳剂喷洒，也可在100克砂中加入0.05克蝇毒磷进行砂浴。

19. 杀灭菊酯

杀灭菊酯又称速灭菊酯、敌虫菊酯，主要用于杀灭昆虫和体表寄生虫。常用1000～5000倍稀释液喷洒、药浴或涂擦。

20. 菌克星

菌克星是近年来开发的科技新产品，系广谱、高效新药，对于革兰阴性菌、阳性菌、支原体等均有极强的杀灭和抑制作用；特别是对禽多杀性巴氏杆菌具有更强的杀灭作用，是用作禽霍乱的治疗和紧急预防的必选药物，并具有吸收迅速，排泄完全，使用方便，易于保管，注射、口服皆宜，成本低，作用快，疗效高，用量少，无毒副作用，无残留，安全性能好，不影响产蛋等特点。使用方法：每千克体重肌内注射0.5毫升，1次见效。必要时，隔1～2天再注射1次，疗效更佳。若注射不便，也可口服（拌料），剂量加倍。

第四节　肉鸽常见传染病及其防治

肉鸽的传染性疾病是由病原微生物引起的，具有发病急、病势猛、传播迅速、发病率高的特点。某些类型的传染病还具有季节性流行的特点。

一、鸽Ⅰ型副黏病毒病

鸽的Ⅰ型副黏病毒病又称鸽新城疫，是一种由病毒引起的传染性疾病，以腹泻和脑脊髓炎为主要特征，具有传播速度快、发病率高、死亡率高的特点。

1. 病原

鸽Ⅰ型副黏病毒，它与禽新城疫病毒同为一属，对鸽毒力强，发病率极高，乳鸽最易感染。该病毒对理化因素抵抗力不强，经紫外线照射或100℃条件下1分钟，55℃时180分钟可全部被灭活。但较耐低温，在－20℃中至少存活10年。

2. 流行特点

本病的特征是新疫区来势凶猛，发病率100%，死亡率80%以上。老疫区流行缓慢，发病率、死亡率逐渐降低，出现散发性发病，病程缓慢。有些鸽场成年鸽不表现临床症状，只有乳鸽、幼鸽发病和大批死亡。本病的发生没有明显的季节性，其感染途径有消化道、呼吸道、泌尿生殖道、眼结膜及创伤。

3. 临床症状

潜伏期1～10天。开始时鸽表现精神沉郁，食欲不振，渴欲增加，全身震颤，羽毛松乱，水样腹泻，呆立，但尚能逃离捕捉。随着病情的发展，病鸽出现头缩、眼闭，食欲废绝，不愿活动，全身震颤明显，常常吞咽唾液，稀粪由水样逐渐变为黄绿色，个别的出现扭头歪颈症状。尔后出现腿麻痹，病鸽不能站立，常蹲伏或侧卧，驱赶时只能侧卧贴地，上侧的脚划地移动身躯。拉污绿色稀薄或糊状粪便，最后衰竭而亡。病程3～5天，也有长达10多天的。病程长的病鸽体重极轻，全身羽毛没有光泽，尤其是肛门附近及后腹部的羽毛。神经症状包括阵发性痉挛、头颈扭曲、颤抖和头颈角弓反张等鸡新城疫症状，出现率为5%～10%。最后往往因全身麻痹不能采食或缺水衰竭而死。

4. 剖检变化

脑充血，有少量出血点，实质水肿。食道和腺胃交界处有条状出血。小肠黏膜充血、出血，有溃疡灶。泄殖腔充血。肝脏肿大，有出血斑点。脾脏、肾脏肿大。皮肤较难剥离，剥离皮肤后可见肌肉干燥，稍潮红。皮下广泛淤斑性出血，颈部尤

甚，有红色、紫色、黑色等。

5. 诊断

根据流行病学、临床症状和病理变化，可作出初步诊断。确诊应以病原的分离鉴定为依据。如在鸽中用分离的病毒人工发病成功，即可确诊。用鸽血清进行红细胞凝集抑制试验，检测抗体，连续进行2次，间隔5～7天，若后一次比前一次的抗体滴度明显提高，又未接种疫苗，说明鸽群处于感染状态。本病需与鸽伤寒及鸽维生素B_1缺乏症区别诊断。

6. 防治措施

加强鸽群的饲养管理，喂以营养充足的饲料，保证营养物质、维生素的需要量，并搞好鸽舍卫生，减少应激因素，以提高鸽的体质，增强抗病力。同时要建立健全场内的兽医卫生防疫制度，认真贯彻执行，并制定切实可行的免疫程序，不定期进行疫情监测和免疫接种。

本病目前无有效治疗药物，必须进行疫苗接种，常用的疫苗有以下3种：

(1) 油乳剂灭活苗：颈部皮下接种，接种免疫7天后，即产生保护力，每6个月接种一次。

(2) 鸡新城疫弱毒苗：主要用于种鸽，肌内注射，多用Ⅱ系疫苗。

(3) 鸽新城疫弱毒疫苗：该疫苗对没有发病史的鸽群慎用，以防它的毒力在鸽体的不断循环中增强。

一旦发生本病，应立即封锁、隔离、消毒，按规定焚烧或深埋病死鸽，严禁出售或引进种鸽。对未出现临床症状的鸽，应视鸽群情况进行疫苗免疫。

二、鸽痘

鸽痘是由鸽痘病毒引起的一种接触性传染病，分为痘型（皮肤型）和白喉型（黏膜型），其典型特征是在眼、嘴及肛门周围出现痘疹，在口腔、喉头及食道等黏膜处产生白喉性假

膜，又称白喉或传染性上皮癌。

1. 病原

鸽痘病原为鸽痘病毒。鸽痘病毒对乙醚和氯仿有抵抗力，对1%酚和0.1%福尔马林可抵抗9天，在游离状态下可被1%氢氧化钾灭活，50℃ 30分钟或60℃ 8分钟也可灭活本病毒。本病毒对干燥有明显的抵抗力，在干燥痂皮中能存活数月甚至数年。

2. 流行特点

病鸽是本病的主要传染源，病鸽与健康鸽直接接触，以及被脱落的痘痂或假膜污染的饲料、饮水、食具等都可以造成传染。本病毒可感染多种禽类，任何年龄的易感鸟及禽类均可发病。幼鸽在窝内即可得病，但更常发生于童鸽和青年鸽。一般秋冬二季多发，在热带地区一年四季均可发生。秋季多发痘型，冬季多发白喉型。寒冷、多雨季节及管理不当等情况下可促进本病的发生与发展。

3. 临床症状

潜伏期3～7天。

皮肤型：大多良性过程。皮肤上有水疱或结节，多发生在温暖地方，病变通常局限在眼周、喙周、脚等皮肤裸露部位，但有时发生在身体上和翅膀上，尤其在雏鸽多见。痘可由针头大小至豌豆大小不等，1～2周后干燥结成棕褐色痂。长满痘痂的幼鸽非常难看，严重者可致鸽死亡。

咽喉型：咽喉上有黄白色小斑或溃疡，沉积物臭而不易剥离。初期症状较轻，仅见吞咽困难，精神委顿，有时伴有腹泻。病情进一步发展，病鸽表现极度呼吸困难，食欲废绝，机体迅速消瘦，最后因窒息或衰竭而死亡。

混合型：愈后多如咽喉型。

4. 病理变化

有病变的皮肤或黏膜组织切片镜检，可见上皮细胞异常增生、肿胀，其胞浆内出现特征性嗜酸性包涵体，包涵体进一步

增生，使细胞核崩解，细胞发生坏死。

5. 诊断

根据发病情况、临床症状等不难作出诊断。皮肤型鸽痘可根据皮肤特征的痘痂确诊。而黏膜型将病变明显的黏膜进行组织切片，在光学显微镜下观察，如发现特征性嗜酸性包涵体即可确诊。

6. 防治措施

加强饲养管理，保持良好卫生环境，及时隔离或淘汰病鸽，经常对鸽舍、用具及粪便等用2%～3%烧碱或20%生石灰消毒，也是防止本病发生的重要措施，目前本病尚无特效疗法，通常采用对症治疗，如白喉型病鸽可用镊子剥离假膜，涂上碘甘油可缓解症状。用烧红的小烙铁片，除掉小痘疹，患部每天用碘甘油、红汞等涂擦2次。内服病毒灵，每天每只喂1片，连用5～7天可促进痘痂干燥、萎缩和脱落。注射青霉素，每只每天1万～2万单位，每天2次，连用3～4天，可控制细菌性并发性感染。疫苗接种可有效预防本病发生。鸽痘疫苗接种，该疫苗比较温和，使用毛囊接种法接种，对所有未得病的健康鸽均应接种。一旦鸽子出现症状再接种疫苗，为时已晚。接种时，先在鸽的腿外侧拔掉一些羽毛，然后用毛刷将疫苗涂布于出血的毛囊开口处。改良鸽痘苗，该疫苗是用弱化的鸽病毒株生产的，接种时不出现黏膜型症状，也不产生病毒血症，用翼膜接种法接种，通常用经过消毒的注射针头在鸽翼内侧无血管处划刺几下即可。

三、鸽疱疹病毒感染症

鸽疱疹病毒感染症是鸽子的一种以呼吸道病症为主的传染病。该病分布广泛，欧洲大多数鸽子都被感染过，经检测有50%以上的鸽子有特异性抗体。比利时60%的鸽舍内存在鸽疱疹病毒，被感染的鸽子出现呼吸性病症。在美国、澳大利亚等地也发现了本病。该病是危害鸽子的一种世界性疾病。

1. 病原

鸽疱疹性病毒感染是由鸽疱疹病毒Ⅰ引起的一种病毒性传染病。该病毒具有一定的形态和典型的疱疹病毒的理化特性。

2. 流行特点

鸽子是该病毒的自然宿主。病毒的感染是潜伏性的。咽部接种感染鸽子，主要引起鸽子局部的病变，若通过腹腔内接种，则可造成全身性感染。易感的鸽子与感染的鸟类接触后，能够染上本病毒。感染群内成熟的鸽子通常是无症状的带毒者，某些带毒者可能会经常向外排出病毒。大多数潜伏性感染的成鸽，在交配季节和饲养雏鸽时从其喉部将病毒传染出去，因此在孵化不久雏鸽便会受此病毒感染，受母源抗体的保护作用，大多数雏鸽在感染的最初阶段并不发病，而成为无症状的带毒者。待母源抗体降低或带毒者的体能下降后，便会出现临床症状。

通常鸽感染 24 小时后开始排出病毒，接种雏鸽体内高滴度的病毒可持续 7～10 天。感染后 1～3 天病毒的排出达到高峰，并出现典型病变。偶尔有温和型的感染再次出现，而没有临床症状的出现。高滴度的特异性抗体不能防止这种复发的感染，而几乎没有特异性抗体的鸽子很少出现这种复发的感染。

该病毒侵入鸽体后，一般先局限于上呼吸道和上消化道，然后以毒血症的方式逐渐向周围组织蔓延，直至遍布全身。在鸽免疫机能受到抑制的时候，病毒的扩散速度加快。

3. 临床症状

当母源抗体不能保持，雏鸽或带毒者体质下降时，便表现出临床症状。急性型常见病鸽打喷嚏，有结膜炎症状，有时鼻腔可被黏液和黄色肉阜堵塞；慢性型症状与继发感染有关，如果继发组织滴虫或细菌性感染，可能发生鼻窦炎并表现严重的呼吸困难。

4. 病理变化

剖检可见口腔、咽部和喉部的黏膜充血，严重病例，可见

黏膜表面有坏死病灶和小溃疡灶。咽部黏膜可能覆盖几层白喉性薄膜。当病毒感染呈全身性毒血症时，肝脏有坏死性病灶。若并发细菌感染，气管内有干酪样物质，有些病鸽出现气囊炎和心包炎。

5. 诊断

根据临床症状、病理变化可初步诊断，确诊需进行病原分离鉴定和血清学检测。

病原分离与鉴定，取病鸽或死鸽咽部病变，经双抗和抗真菌药物处理后接种鸡胚成纤维细胞，37℃培养5～7天，逐日观察。疱疹病毒增殖后产生细胞病变：如细胞萎缩、脱落、形成多核巨细胞，同时见有核内包涵体。可通过免疫荧光技术或电子显微镜观察鉴定本病毒。

血清学检验，应用病毒中和抗体试验或间接免疫荧光技术检验病鸽血清中的特异性抗体。

6. 防治措施

对于本病尚无有效的治疗方法，可应用广谱抗生素控制继发感染，应用本病弱毒疫苗和灭活疫苗进行免疫接种，能够降低感染后鸽子出现初次排毒和临床病症，有助于控制病毒的扩散。

四、鸽流感

鸽流感是由禽流感病毒引起的，以鸽头、颈、胸部水肿和眼结膜炎为特征的高度接触性传染病，能感染多种家禽和野禽。流感病毒存在于病禽的所有组织、体液和分泌物中。

1. 病原

主要为A型禽流感病毒。该病毒对外界环境的抵抗力不强，在紫外线照射下很快就被灭活，在55℃时30～50分钟，60℃时10分钟或更短的时间便可失去感染性，但在干燥的血块中具有长时间的生活力。

2. 流行特点

本病主要是水平传播，呼吸道和消化道是主要的传染途径。患病康复鸽和寄生虫感染的体弱鸽比较容易患此病。鸽房有贼风、通风不良和过度拥挤也会促发本病。2～4 月龄的幼鸽在秋季特别容易感染。该病的发病率和死亡率视其感染病毒的毒株不同而有差异。最常见的情况为高发病率和低死亡率。高致病力病毒感染，发病率与死亡率可达 100%。

3. 临床症状

本病的潜伏期一般为 3～5 天。常无先兆症状而突然暴发死亡。病程稍长的会出现体温升高、精神沉郁、羽毛松乱、呆立、食欲废绝等，有鼻液、泪液和结膜炎，头、颈扭曲，胸部水肿，呼吸困难，严重的可窒息死亡。有的出现灰绿色或红色下痢和神经症状，通常发病后几小时到 5 天死亡。死亡率 50%～100%。慢性经过的以咳嗽、打喷嚏、呼吸困难等呼吸道症状为特征。

4. 病理变化

病程短的，剖检可见胸骨内侧及胸肌、心包膜有出血点，有时腹膜、嗉囊、肠系膜与呼吸道黏膜有少量出血点。病程长的，颈部和胸部皮下水肿，有的蔓延至咽喉部周围的组织。胸腔常有纤维蛋白性渗出物，眼结膜肿胀。口鼻内积有黏液，腺胃和肌胃交界处的黏膜有点状出血，肺充血，肝、脾、肾和肺有小的黄色坏死灶。

5. 诊断

根据流行特点、临床症状及病理变化可初步诊断，确诊需进行血清学检验或病原分离鉴定。

6. 防治措施

目前对本病尚无特效药物治疗，所以发生疫情时，应将病鸽全部淘汰，立即严密封锁场地，并进行彻底消毒。附近的禽场如有本病发生，应立即做好本场的严密封锁、消毒，必要时可给发病鸽服用抗生素，避免或减少因并发症造成的损失。同时让鸽群饮用高锰酸钾水，以减少病原的扩散，为净化鸽的消化系统，可每隔 3～4 天在饮水中加入硫酸镁（每 4 升水中加

入 5～8 克)。每 100～200 千克饲料中加入 0.5 升鱼肝油也有助于提高鸽群的抵抗力。樟脑油、薄荷油和氧化汞软膏等用于人类预防流感的药物，也可对本病的发生起到一定的缓解作用。

五、鸟疫（鸽衣原体病）

鸟疫是由衣原体引起的一种全身性接触性传染病，各种家禽及多种鸟类易感。在饲养管理不当，或鸽群感染其他疾病时可造成大批死亡。人也可感染此病。

1. 病原

鸟疫的病原是鹦鹉衣原体，是一种专性细胞内寄生物，属裂殖菌纲衣原体目、衣原体科。可在鸡胚、细胞培养物、小白鼠体内生长发育，并在多种细胞里形成胞浆内包涵体。鹦鹉衣原体根据其致病力分为强毒株和弱毒株两种，强毒株可以引起禽类致病性疾病，病禽内脏器官出现广泛性充血性炎症，而弱毒株不能引起明显发病及血管损伤性病变。

衣原体对能影响脂类成分或细胞壁完整性的化学因子非常敏感。在氯化苯甲烃铵、碘酊溶液、70%酒精、3%双氧水和硝酸银中，几分钟便能被杀死。对蛋白变性剂、酸和碱，如甲醇、硫酸铵或硫酸锌、石炭酸、盐酸和氢氧化钠等敏感性较低，对甲苯基化合物和石灰有抵抗力，20%的组织匀浆悬液中的衣原体在 56℃ 5 分钟，37℃ 48 小时，4℃ 50 天被灭活。－20℃ 以下可长期保存，大的薄壁型病原体在－70℃时被灭活。该病原对四环素、氯霉素及红霉素敏感，对庆大霉素不敏感。

2. 流行特点

鸽和鸭的衣原体病可常伴沙门菌的并发感染，此时患禽的死亡率很高，并向外界排出大量的衣原体。无论是高毒力菌株还是低毒力菌株，都可在禽群中迅速传播。鸽子是衣原体最经常的宿主。衣原体在鸽群中长期存在的主要原因是“雌鸽到雏鸽”的传播。衣原体随着患病亲鸽的鼻分泌物、粪便、泪液、嘴和咽喉的黏液、鸽乳等排出体外，幼鸽因吸入、吃入或饮入被污染的食物和饮水而被感染，也可通过吸血昆虫叮咬而感染，如在虱体体表或其体内的衣原体，可能在宿主间进行传播。

在拥挤、卫生不良和高剂量衣原体感染的情况下，幼鸽群可暴发衣原体病，耐过的幼鸽也变为慢性感染，这样的个体在无病变的情况下也会向外界排出衣原体，不断地污染周围环境。衣原体除通过呼吸道传播外，通过直接接触也能引起感染。如果鸽群中同时存在沙门菌病或滴虫病，可使老龄鸽和幼年鸽的死亡率急增。

3. 临床症状

本病有时是潜伏的，不活动，有时有明显症状，甚至是致病的。幼鸽发生没有并发症的衣原体病时，临床症状略有差异，急性病例表现发育不良、衰弱、委顿、食欲丧失、拉淡灰色或淡绿色稀便。典型症状可见一侧或双侧眼结膜发炎，表现为：眼睑增厚，流出大量清水样分泌物，以后则变黏稠的脓性分泌物。重者可致眼球萎缩以致失明。鼻腔也发生浆液性或脓性炎症，病情严重的可见肺炎及气囊炎引起的呼吸困难，此时可听见鸽发出“吱嘎”或“格格”声，病鸽变为衰竭、瘦弱。存活者恢复后成为携带者，其他一些鸽也可通过感染而成为携带者，不显症状或最多发生短时期的腹泻。如果饲养环境不良或鸽群中有沙门菌或滴虫病等流行，这些携带者便会发生急性型病变以致死亡。

4. 病理变化

没有继发或并发症的病例，可见气囊增厚，腹腔浆膜面和肠系膜上附有纤维蛋白性渗出物，有的在心外膜上也见有这样的渗出物，肝脏常见肿胀、柔软和变色，脾脏淤血肿大、柔软、色变深，胃肠道充血、出血。发生卡他性肠炎时，则可见在泄殖腔内容物内含有多量的尿酸盐。隐性感染的老龄鸽如复发时，可见肝肿大，严重充血，实质弥散有针头大坏死灶，脾

脏异常肿大，被膜破裂内出血。这种病例临床可见突然死亡。

5. 诊断

衣原体病的诊断不能单凭“典型”的肉眼变化、细胞变化或临床症状而轻意作出判断。必须从宿主病变组织中分离和鉴定出衣原体。病原分离可无菌采集出现衣原体症状和病变的组织及分泌物，如气囊、脾、心包、心肌、肝和肾，活禽可采集粪便、血液、结膜分泌物和腹水，做衣原体分离检查。

鉴别诊断要注意与巴氏杆菌、大肠杆菌相区别。

6. 防治措施

研究表明，很难有效地治疗鸽的慢性衣原体感染和消灭带菌状态。在急性流行期，口服抗生素可以较为明显地降低幼鸽死亡率，但不能完全阻止感染。治疗可采用四环素、氯霉素和红霉素，每日每只口服 0.05～0.08 克，分 2 次喂，连用 5～7 天。预防量减半。也可采用金霉素 0.04%～0.06% 拌料，口服每次 2.5 万单位，日服 2 次。

鸽群中发现本病后，如果数量少，要尽可能淘汰，数量大的应严格隔离治疗，严禁运出尸体、下脚料及病鸽群中的鸽子。鸽舍和用具须用有效消毒药消毒。被污染的饲料销毁。卵也应消毒，工作人员在处理病鸽及鸽舍时，应注意个人保护，防止人员感染。

平时的预防管理措施，从原则上讲，应该杜绝鸽与任何潜在污染的器具或房舍接触，也要防止与潜在的贮存宿主或野禽等传播媒介接触。具体措施包括：经常保持环境卫生，定期消毒；限制人员流动范围，不让参观者随意进入鸽舍；因为衣原体的传播主要是由于吸入了来自病禽的干燥粪便的粉尘，所以应该将新孵出的无衣原体感染的鸽放养于无此类污染的环境中。新引进的鸽要做血清学检查，确定反应阴性者方可入群。

值得注意的是，人与病鸽及其产品接触，可经过呼吸道或经伤口感染鸟疫。人感染此病后，表现全身虚弱、体温升高、头痛、背痛、食欲不振、恶心、呕吐、出汗、流鼻血、咳嗽，并出现肺炎，重症者可出现死亡。治疗可用金霉素、四环素和红霉素。

六、马立克病

马立克病是由疱疹病毒引起的一种具有高度传染性的肿瘤性疾病。外周神经、卵巢、虹膜、内脏实质器官、肌肉及皮肤等均可发生淋巴样细胞增生并形成肿瘤性结节，本病在世界各国普遍存在和流行。

1. 病原

本病的病原是B型疱疹病毒，在病鸽的羽毛囊和羽髓中含毒量最多。该病毒对于干燥及低温有较大的耐受性，干燥的羽毛在室温中能存活8个月以上，在室温的粪便或垫料中16周尚能保持活力。对热的抵抗力不强，37℃18小时，56℃30分钟灭活，普通消毒剂作用10分钟能达到消毒的目的。

2. 流行特点

本病具有高度传染能力，可直接或间接传播，也可通过呼吸道或消化道接触性感染，感染鸽几乎终生排毒，病鸽或潜伏病鸽都可能成为传染源。病鸽只有少数能康复，发病率和死亡率几乎相等，不良的环境条件，如室温过高、扬尘等均可造成本病的发生与传播。

3. 临床症状

本病的潜伏期较长，通常在受到感染后几周内出现症状，随之便会有零星的死亡。根据不同的临诊症状，可分为以下几个类型：

(1) 急性型　又称内脏型。表现为精神沉郁、食欲不振，闭眼，羽毛松乱，呆立，排白色或绿色稀粪，不久便迅速消瘦，体质极度衰弱，腹围增大，触摸肋骨后的腹部时有坚实的块状感。后期脱水，极度消瘦，呈昏迷状态。

(2) 神经型　又称慢性型。其特征是呈现单侧性翅麻痹或腿麻痹。随着病情的不断发展，最终多见两腿一前一后伸张，

瘫卧于地，无力回避捕捉，头颈歪斜，有的还伴有嗉囊麻痹或扩张症状。

(3) 眼型　表现为虹膜边缘不整。正常色素消失，瞳孔缩小，甚至眼睛失明。

(4) 皮肤型　主要症状是皮肤增厚，有大豆至鸽蛋大小的结节，且不断增大，质地坚实而不滑动，没有局部温度升高和其他症状。

4. 病理变化

急性型可见实质性脏器尤其是肝、脾及卵巢呈高度肿胀和弥漫性散布的白色结节性病变，法氏囊萎缩或弥漫性肿大。神经型多呈单侧坐骨神经病变，病变部位神经的横纹及光泽消失，外周有透明的胶样浸润，降低对神经的可见度。

5. 诊断

一般根据特征性临床症状和解剖变化，结合流行特点即可作出诊断。对于病症和病变不典型的病鸽，需实验室检查才能确诊。

6. 防治措施

本病目前尚无药物可治疗。如有病鸽，宜淘汰并做焚烧处理，在已有本病存在的鸽场，可用鸡马立克病疫苗对出壳 24 小时内的雏鸽进行颈部皮下接种。对于发病普遍、危害严重的鸽场，可考虑全部淘汰，停产，并封锁 1～2 个月。在此期间要进行全场环境、栏舍和用具的反复消毒。

七、禽霍乱（鸽巴氏杆菌病）

禽霍乱又称禽巴氏杆菌病或禽出血性败血症，是由多杀性巴氏杆菌引起的家禽和野禽的一种急性接触性传染病。各种禽类均易感，鸽是比较敏感的家禽之一。临诊时以出血性败血症并伴有下痢为特征。此病发病率及死亡率均很高。

1. 病原

病原为多杀性巴氏杆菌。该菌具有多种血清型，为革兰阴性、不运动、不形成芽孢的杆菌，常单个或成双存在，偶尔可见成链状或丝状排列。其大小为（0.2～0.4）微米×（0.6～2.5）微米，经反复继代培养后，趋向呈多形性。涂片染色呈两极浓染。多杀性巴氏杆菌不产气，可产生氧化酶、过氧化氢酶、过氧化物酶和一种特征性气味。与多种革兰阴性菌不同，它对青霉素敏感。易被普通消毒药、阳光、干燥或加热而破坏。56℃15 分钟、60℃10 分钟即可杀死，3%石炭酸和 0.1%升汞 1 分钟可杀死该菌。日光对本菌有强烈的杀灭作用。

2. 流行特点

本病原菌广泛存在于自然界中，也普遍存在于健康动物的上呼吸道黏膜。病鸽和病禽是禽霍乱的主要传染源。飞禽、猪、猫、狗及某些昆虫均可机械性将禽霍乱病菌带入鸽群。当饲养管理不当或环境卫生不良时，由于寒冷、闷热、气候剧变、潮湿、拥挤、笼舍通风不良，阴雨、营养缺乏、饲料突变、长途运输等诱因，使机体抵抗力降低，发生内源性感染。病鸽的排泄物、分泌物内的病菌污染饲料、饮水、用具和外界环境，经消化道或经呼吸道传染为外源性感染。本病无明显的季节性，以春秋季多发。

3. 临床症状

分为最急性型、急性型和慢性型。

（1）最急性型　临诊无任何症状表现，突然倒地死于笼舍中，且多为一些肥壮的肉鸽。

（2）急性型　病程 1～2 天，常见的症状有发热、厌食、精神不振、羽毛松乱、口渴、嗜睡、鼻瘤无光、张口呼吸、口排黏液。同时可见病鸽下痢腹泻，排灰黄或带绿色恶臭的粪便。死前昏迷发绀。从原发急性型败血期幸存下来者，可由于消耗和脱水而衰弱，转为慢性或康复。

（3）慢性型　多见于流行后期，由急性型转化而来，亦可由于低毒力菌株感染所致。症状多呈现为局部感染，如关节肿胀跛行，飞行障碍，鼻窦、翅关节等处常发生肿胀。眼结膜、

咽喉部及鼻腔黏液渗出。慢性病鸽可拖延几周后死亡，或长期保持感染状态或康复痊愈。

4. 病理变化

最急性型，由于病势猛，死亡急，常看不到明显变化。

急性型病死鸽剖检可见黏膜、浆膜出血，实质器官淤血肿大、出血，十二指肠病变，发生严重的急性卡他性肠炎或出血性肠炎，肠内容物含有血液。心外膜常见出血，心包积液。在充血的血管内，显微镜下常可见大量的细菌，肝脏可见肿胀、色淡，表面散布许多灰白色小点坏死灶，显微镜可见坏死区肝细胞发生凝固性坏死，局部大量异嗜性白细胞浸润。这是禽霍乱的一个特征性病变。

慢性型表现为局部感染，如鼻窦肿大，鼻腔内有多量黏液性渗出物，有的在关节和腱鞘内蓄积有混浊或干酪样的渗出物。局部感染可形成普遍化脓，甚至波及中耳及颅骨，引起化脓性脑膜炎。

5. 诊断

一般根据临床症状和病理变化作出初步判断，确诊需进行病原的分离和鉴定。

涂片镜检：取出血、脾、肝、肺、淋巴结等病料涂片染色，镜下见到两极浓染、革兰阴性小球杆菌。

分离培养：于鲜血琼脂平板上划线，长出透明的露滴状S形小菌落，周围不溶血，45°折光有荧光反应，生长良好。可作出诊断。

生物学试验：给小白鼠或家兔肌内或皮下注射1∶5或1∶10病料悬液0.2～0.5毫升，接种后18～24小时死亡，涂片镜检。从尸体中分离到病菌就可确诊。

6. 防治措施

防治禽霍乱要坚持搞好鸽舍的清洁卫生和定期消毒工作，保持鸽舍干燥；饲养密度不宜过大，不要与其他禽类混养，不同日龄的鸽子要分开饲养；避免家畜，尤其是猪、狗和猫接近养鸽区，同时要防止其他飞禽及啮齿类动物接触鸽群；引进新鸽须从无病的鸽场购进，新购入的鸽子应进行至少 2 周的隔离饲养。

发现鸽群中有禽霍乱时，应立即对病鸽实施隔离治疗，死鸽应销毁。同时对污染的鸽舍、巢、食槽、饮水器、地面、粪便可用 20%生石灰或 5%来苏尔液进行彻底消毒，也可用 1%氢氧化钠消毒。放养的鸽群应用菌苗进行紧急接种，可用禽霍乱氢氧化铝甲醛菌苗，每只 2 毫升，肌内注射；或用禽霍乱弱毒菌苗接种，此苗为活菌苗，免疫后有一定反应，要注意安全。药物预防可选取用链霉素，按每 1.5 升水中加入 1 克，饮水 5～7 天，或用庆大霉素，每升饮水中加入 10 万单位，连用 5～7 天。

治疗禽霍乱可选用磺胺类及抗生素，也可采用中草药。磺胺药中可用磺胺甲基嘧啶钠按 0.2%加入饮水中，或按 0.4%混入饲料中，连续喂给 3～4 天，间歇 3 天后再用 0.05%的浓度连喂 2 天。也可用 0.025%的磺胺喹啜啉加入饮水中，连用 5～7 天。效果良好。需要注意的是，治疗用药必须在暴发的早期进行。抗生素中，青霉素、链霉素、金霉素及土霉素均可选用。可用青霉素肌内注射，每只每次 5 万单位，每日 2 次，连用 3 天，幼鸽剂量减半。链霉素可按每只每次 4 万单位灌服，日服 2 次，或按此剂量进行肌内注射，也可将链霉素按每升水中加 40 万单位饮水，口服 2～3 天。大群病鸽治疗可用土霉素，按 0.05%～0.1%的剂量拌入饲料中，连用 1 周。金霉素的剂量为每千克体重 40 毫克。

八、禽结核病

禽结核病是由禽分枝杆菌引起的一种接触性传染病。本病的特征是：慢性，一旦侵入鸽群则长期存在，很难根除；患鸽失去饲养价值，生产性能及使用价值下降或丧失，最终慢性消耗而死。人和其他哺乳动物均可感染此病。

1. 病原

本病的病原为禽分枝杆菌。该病菌具有较强的耐酸性，呈杆状，有时也可见到棒状、弯曲和钩形的，但不形成链状，偶尔有分枝。大多数菌体的末端为圆形，不形成芽孢，无运动性，属需氧菌，最适的生长温度为39～45℃。该细菌对外界的抵抗力较强，在干燥的分泌物中能存活数月，在土壤和粪便中能够生存7～12个月，甚至长达4年之久。对热的抵抗力不强，60℃30分钟可使其失去活力，100℃立即死亡。对紫外线敏感。在70%酒精、10%漂白粉中很快死亡。对一般抗生素和磺胺类药物均不敏感，但对链霉素、异烟肼、对氨基水杨酸等药物敏感。

2. 流行特点

各种鸟类均可被禽分枝杆菌感染。结核病的患畜和患禽是本病的主要传染源，尤其是开放性病畜与病禽，可通过其粪、尿、口鼻分泌物等大量向外排菌。

本病主要是通过呼吸道和消化道感染。被病禽和病畜污染的环境（包括带有细菌的土壤和垫草），饲料和饮水是本病通过消化道传给健康动物的主要感染物。病畜或病禽喷出的飞沫和被污染的尘埃是引起消化道感染的主要感染物。禽舍被禽占用的时间越长，禽的密度越大，这种感染越容易发生。

3. 临床症状

本病的潜伏期较长，2～12个月。病程发展慢，早期不见明显症状，幼鸽极少流行。病鸽表现为呆立，精神委顿，衰弱。虽不影响食欲，但病鸽表现为进行性消瘦，营养不良，体重减轻，胸部肌肉明显萎缩，胸骨像刀一样凸出。随着病情的发展，出现羽毛粗乱无光，病鸽严重贫血。肠道发生结核性溃疡时，可出现下痢。关节和骨髓发生结核时，则可见关节肿胀、跛行。最后全身衰竭而死。

4. 剖检变化

剖检病鸽最明显的病变是被侵害的器官或组织出现结核结

节。结核结节呈灰白色或灰黄色，圆形或卵圆形，外有包膜，切开后可见结节内有黄白色干酪样物质。肝、脾、肺、肠道、皮肤等部位均可见此类似的结节，此外在骨骼、卵巢、睾丸、胸腺及腹膜等处也可见到结核结节。

5. 诊断

诊断本病的最简单方法是尸体剖检。可选1～2只症状明显的病鸽进行剖检，根据病鸽肝、脾及肠等器官出现的特征性结核结节，可作出初步诊断。同时取病鸽的肝或脾做涂片染色——石炭酸复红抗酸染色，若见有红染的结核杆菌即可确诊。患本病的肉鸽，若非名贵品种无任何治疗价值。

6. 防治措施

本病重在预防。

首先要对鸽群进行定期检疫，发现阳性鸽，立即隔离淘汰，鸽场彻底消毒，过6个月之后，再进行第二次检疫，直至所有的阳性鸽均被检出为止。鸽场若有禽结核发生，必须立即隔离淘汰，病死鸽不能随便乱丢，应烧毁或深埋；对鸽舍及一切用具进行彻底消毒，几个月之内最好不放入新鸽群。用福尔马林消毒；对鸽场新引进的鸽检疫隔离60天，再用禽结核菌素作再次检查，确定无此病后，方可混群。定期淘汰老鸽。

九、禽伤寒

禽伤寒是家禽的一种败血性疾病，呈散发。病程为急性或慢性经过。主要侵害成年鸽，幼鸽偶有感染。多数禽类易感。

1. 病原

禽伤寒病原菌属于肠杆菌科沙门菌属。本菌为较短而粗的杆菌，常单独或成对存在，无荚膜，无运动力。本菌在60℃10分钟内即被杀死，在日光直射下，几分钟内即被杀死；2％福尔马林可在1分钟内将其杀死；0.1％的石炭酸，0.005％的

升汞和1%的高锰酸钾均可在3分钟内将其杀死。

2. 流行特点

本病主要是通过消化道感染，多种禽混养是发生本病的重要原因，病鸽粪便、分泌物中含有大量的细菌，污染的土壤、饮水和饲料、用具等都可成为传染源，被污染的种蛋也能传染。雏鸽的感染主要是由于种蛋带菌，在孵化期间相互传染，也可能在孵化后直接或间接接触病禽或带菌禽而发生感染。此外，野禽、苍蝇以及饲养人员也都是传染本病的重要媒介。病愈鸽可带菌，不定期地通过粪便向外排出病原菌。因此，鸽场一旦发生本病，一般很难根除。

3. 临床症状

本病的潜伏期4～5天，急性病程2～10天，一般为1周左右。有些病禽在发病后第2天即出现死亡。慢性型病禽，多以局部感染为特征，可拖延至数星期，死亡率较低，大部分可以康复，变成带菌鸽。雏鸽主要表现为精神不振，生长不良，食欲停止，拉白色稀粪，呼吸困难，死亡率在10%～50%或以上。

成鸽患禽伤寒时表现精神委顿，离群呆立，反应迟钝，垂头嗜睡，体温升高，呼吸急促，饮水量大增，食欲下降以致废绝，腹泻下痢，粪便呈黄色或黄绿色，有时带有血液。有的病例，关节肿胀，病鸽蹲伏于地。慢性过程，病鸽消瘦贫血，最后昏迷死亡。如发生腹膜炎时，病鸽可表现出一种与企鹅相似的直立姿势。

4. 病理变化

急性病例通常看不到明显的病变。病程较长的病例，有典型的病变，可见可视黏膜苍白，肝脏淤血肿大，呈棕黄稍带绿色，并有红色青铜色条纹，发生肝脂肪变性者，质地极脆，有弥散小点状坏死灶；脾脏淤血肿大，散布针尖大的灰白色坏死点或出血条纹；肾淤血肿胀；有的可见心包炎，心肌表面常可见灰白色坏死点；肠黏膜充血、出血，或卡他性肠炎；关节也见充血出血。

5. 诊断

根据病鸽的发病年龄（多为成年鸽），结合大多数病鸽的临床表现和病理变化，可以作出初步诊断。确诊必须在病鸽的内脏器官中分离培养和鉴定出病菌。

急性禽伤寒以全身感染为特征。从大多数内脏器官中都可以分离到沙门菌。本病一般都波及到肝、脾，因而在培养时应选这两个器官。肺、心和肌胃也会出现病变，也是作培养的可靠器官。慢性禽伤寒是以局部感染为特征，被感染的器官可能没有肉眼可见病变，但对其内脏器官作细菌培养，也可能培养出沙门菌。

本病应注意与禽霍乱和鸡新城疫区别鉴定。尸体剖检时，禽伤寒的肝脏和脾脏极度肿大，禽霍乱与鸡新城疫没有如此明显的变化。另外，患禽霍乱和鸡新城疫时，病禽有显著的全身性出血现象，这在禽伤寒中是很少见到的。

6. 防治措施

抗生素、磺胺类、呋喃类药物对治疗禽伤寒均有一定的疗效。

磺胺噻唑、磺胺甲基嘧啶、磺胺嘧啶和磺胺二甲基嘧啶等磺胺类药物均可用于治疗禽伤寒。连续使用时间不超过 3 天，而且在肉鸽上市前 10 天左右，要停止使用这类药物。使用呋喃类药物时连续用药时间不能超过 2 周，在屠宰上市前 5 天停药。使用链霉素、氯霉素和金霉素等抗生素对本病也有很好的治疗作用，但对肉鸽也应注意用药剂量和用药时间。

本病的预防措施包括：鸽群中发生禽伤寒后，对重症鸽应及时淘汰处理；对鸽舍和场地要彻底消毒，更换表层土。轻病鸽隔离治疗，治疗的同时，必须结合环境和用具的消毒，对饲料和饮水的清洁卫生也要采取必要的措施；鸽粪要每天清除、堆积发酵；严防病鸽及其他患病动物进入鸽舍，不从有禽伤寒的地方引进新鸽；鸽群应在便于清洁消毒的鸽舍内饲养，以便

发生疫病后能够及时清扫消毒，以消灭上批鸽群残留下来的病原菌；使用无沙门菌污染的饲料喂鸽子，最大限度地减少鸽群与病原菌接触的机会；鸽舍内应有防啮齿类动物的设施，控制苍蝇、蚊子、羽虱和鸽螨等昆虫侵袭鸽群，以消除环境中沙门菌的生存媒介。

十、鸽副伤寒

鸽副伤寒是由多种沙门菌引起的一种肠道传染病，是养鸽业最普遍、最严重的疾病之一，主要侵袭幼龄雏鸽。主要特征是鸽翅关节肿大、腹泻和神经失调。

1. 病原

本病的病原体是鼠伤寒沙门菌，其中该菌的一个变种——哥本哈根变种，是本病的主要病原体。该菌革兰染色阴性，不产生芽孢，也无荚膜。本菌对干燥、腐败、日光等因素均有一定的抵抗力，在外界条件下可生存数周，60℃1 小时，70℃20 分钟可致死。对冷冻也有一定的抵抗力，－25℃能存活 10 个月，5%的石炭酸和 0.02%升汞 5 分钟可杀死本菌。土霉素、青霉素一般浓度均能抑制本菌，对氯霉素、新霉素则极敏感，且不易产生耐药性。

2. 流行特点

本病主要经消化道传染，鸽子采食或饮用了含有本病原菌的饲料或水是引发本病的主要原因。也有通过呼吸道、生殖道和眼结膜等感染的病例。带菌的种蛋和被病菌污染的种蛋均可使胚胎感染本病。本病一年四季均可发生，环境不卫生，饲料和饮水供应不良、气候恶劣、疲劳、饥饿、长途运输以及其他不良因素等均可促使本病发生。

3. 临床症状

本病的潜伏期为 12～18 小时或更长时间，幼鸽常呈急性型败血症，年龄稍大的鸽子感染后病状趋向缓和而成为慢性或隐性经过。本病可分为肠型、内脏型、关节型和神经型等，这些类型可单独出现，也可混合发生。

（1）肠型　本型主要表现为消化道机能严重障碍。病鸽精神呆滞、食欲不振或废绝，羽毛松乱，缩头，眼闭，排水样或黄绿色、褐色带泡沫的稀粪，粪中夹杂有黏液包裹的饲料，恶臭，肛门附近羽毛污秽，快速消瘦，3～7天死亡。

（2）关节型　当肠型进一步发展时，病原菌透过肠壁进入血液形成败血症，再转到关节等其他部位，而引起这些部位的炎症，受累关节发红、发肿、发热、机能障碍，在肢体关节尤其是踝、肘关节更为多见和明显。

（3）神经型　病鸽因脑脊髓受损害而表现出共济失调，头颈歪扭，或出现头部低下、后仰、侧扭等神经症状。

（4）内脏型　病鸽体内单一或多个脏器受损害，一般无特殊症状，严重时可见病鸽精神不振，呼吸困难，日渐消瘦，病情迅速恶化，直至死亡。

4. 病理变化

急性病例往往看不到明显的病变，仅在内脏器官表面有少量出血点。病程稍长的病例，可见尸体消瘦、脱水，卵黄吸收不良呈凝固状态，肝、脾肿大，且表面有出血性条纹和黄白色针尖大小坏死点。心包和心外膜粘连。小肠黏膜充血或出血，并伴有坏死灶，有时见小肠黏膜有突起斑块及盲肠腔内有干酪样栓塞物。成年雌鸽可见有肠炎、输卵管炎或腹膜炎。雄鸽睾丸常见有坏死灶。

5. 诊断

根据流行病学、临床症状和剖检变化可作出初步诊断，确诊需进行实验室诊断。

6. 防治措施

肉鸽感染副伤寒痊愈后，即可获得相当牢固的免疫力，预防本病主要是平时注意搞好饲料管理和卫生防疫工作，如定期清洁、消毒、检查和检疫，选用健康的种鸽和种蛋，人工孵化时应注意种蛋消毒和孵化场、育雏室的消毒，不引进带菌鸽。

当鸽发病时，对病鸽和疑似病鸽均应立即治疗，可用氯霉素按0.3%～0.5%加入饲料中连喂5～7天。饲料中拌入土霉素喂服3～5天。

十一、链球菌病

链球菌病是一种急性败血性传染病，常呈散发，各种家禽均易感。禽类链球菌病在世界各地均有发生，有的是慢性感染，死亡率在0.5%～50%不等。

1. 病原

链球菌是革兰阳性菌，不能运动，不形成芽孢，兼性厌氧，单个、成对或短链存在。最适生长温度为37℃。本菌抵抗力不强，对干燥、温热均较敏感，60℃30分钟即被杀死，对青霉素、金霉素、红霉素和磺胺类药物均很敏感。

2. 流行特点

感染和痊愈的动物是主要的传染源。通过被污染的饲料、饮水经消化道传播，也可因吸入了被污染的空气而经呼吸道传播。本病一年四季均可发生，幼鸽较易感，多以散发形式出现。

3. 临床症状

自然感染潜伏期1～14天，急性感染病程12～24小时。表现突然拒食，呼吸急促，结膜发绀，鼻瘤干燥，站立不稳，抽搐，黄绿色下痢，最后因衰竭、麻痹而死。慢性病例，精神沉郁，羽毛松乱，食欲下降，以致废绝，持续下痢，呼吸困难，闭目昏睡，昏迷不醒，严重消瘦，衰竭而死，有的出现腹膜炎。

4. 病理变化

通常尸体营养良好，一般呈败血症变化。剖检可见全身皮下结缔组织及浆膜出血，心包腔内有胶冻状或黄白色纤维素渗出物，心外膜出血，肝土黄色肿胀，散在灰白色小点坏死灶，脾充血肿大，慢性可见肠壁增厚黏膜出血。

5. 诊断

对急性型败血症死亡的鸽子，依据临床症状和病理变化不能建立诊断，因很多致病菌都可引起动物呈急性败血症死亡。确诊必须靠病原学诊断。

6. 防治措施

链球菌感染后可产生特异性免疫，机体获得一定的免疫力。在治疗上，局部脓肿可施以外科手术，切开皮肤，排出脓汁。全身疗法可选用青霉素治疗，治疗时要剂量给足，巩固疗程。

预防首先要严把饲料关；对病鸽的渗出液、脓汁、排泄物要严格消毒，及时清除；对污染的场地、笼舍用3%火碱消毒。

十二、曲霉菌病

曲霉菌病又称曲霉菌性肺炎。主要是由烟曲霉菌等引起的一种多种禽和包括人在内的哺乳动物共患的真菌病。该病在世界各地均可发生，常呈急性经过。在自然条件下，鸽子易于感染，尤其是幼鸽，发病率很高，可造成大批死亡。

1. 病原

本病的病原体主要是致病性较强的曲霉菌属的烟曲霉菌，又称烟色曲霉菌。曲霉菌呈串珠状，在孢子顶部囊上呈放射状排列。曲霉菌常在堆肥、含水量高的粮食、饲料中大量繁殖。曲霉菌的孢子对理化因素的抵抗力很强，煮沸5分钟，干热120℃60分钟，3%石炭酸溶液60分钟，3%氢氧化钠溶液3小时才被杀死，对常用的抗生素不敏感。

2. 流行特点

所有禽类和其他动物都易感。主要传染源是被污染的饲料。一年四季均可发生，但多发生于温度低，阴雨连绵的梅雨季节。成龄和幼龄肉鸽均可感染，但主要侵害1～20日龄的幼鸽，急性暴发常造成大批死亡。笼舍地面潮湿，通风不良，环

境拥挤，更易诱发本病。本病的传播途径是由于幼鸽吃了发霉的饲料和呼入空气中的霉菌孢子经消化道或呼吸道而感染，也能通过被污染的蛋壳感染胚胎。

3. 临床症状

轻度感染的病鸽症状不明显，严重感染时则食欲不振或废绝，精神沉郁，呼吸道尤其明显，可出现打喷嚏、气喘、呼吸困难、流鼻液，有湿性呼吸啰音，或张口呼吸。后期病鸽下痢，慢性消瘦，部分病鸽的上腭出现黄色结节。食道黏膜出现病变时，则吞咽困难。有的病鸽发生曲霉菌眼炎，引起眼球肿胀、流泪，可见眼睛内有多量分泌物。有的可出现头颈歪扭的神经症状，最后衰竭而死。成年肉鸽的病程通常比幼龄肉鸽长。急性型病例病程2～4天死亡。

4. 病理变化

急性型病例病变明显，可见眼肿胀，眼睑粘连，内有干酪样物，结膜紫红色。特征病变为肺和气囊发生坏死性结节，肺及气囊壁上出现大量针尖大至大米粒大的黄白色结节，肺呈局灶性或弥漫性肺炎；肝肿大呈土黄色，表面有灰白色结节，结节切面中央可见有层次的干酪样凝块；两侧肺脏严重淤血、坏死、肉变，胸气囊和腹气囊明显增厚、混浊。

5. 诊断

根据呼吸道病变，结合流行病学调查，病理剖检可做初步诊断。确诊需进行实验室检查。

6. 防治措施

预防本病的发生主要是不饲喂霉变饲料，不用霉变垫草，并及时清除更换潮湿的垫料，搞好环境卫生，注意笼舍内的温度、湿度，保持空气通畅，做好防潮保温工作，食槽、饮水器、鸽舍和育雏箱应定期消毒。

一旦鸽群发生本病，应彻底清除、烧毁霉变垫料，换上新鲜、干燥垫料。停喂发霉饲料。用1∶1000百毒杀彻底消毒鸽舍和设备，在保持舍内温度的情况下，加强通风。饮水中加入

0.02%硫酸铜，让其自由饮用，连饮5天，制霉菌素5000单位/只，每天2次混于饲料中喂给，连用6天，并在饮水中加入0.02%碘化钾让其自由饮用，连用6天。平时药物预防可用制霉菌素或硫酸铜拌料。每吨饲料中加入50克制霉菌素或1000克硫酸铜拌料，每月喂1周。

十三、鸽黄癣

鸽黄癣又称头癣、毛冠癣，是由禽头癣菌引起的一种真菌性皮肤病。本病的特征是首先鸽的头部无毛处出现一种黄白色的鳞片状癣，然后蔓延到全身各部的皮肤并有奇痒感。

1. 病原

本病的病原是禽头癣菌。病原可形成孢子，有分隔的菌丝体，菌丝相互缠绕。在萨布罗培养基中30～40℃培养，可长出圆形菌落，开始为白色绒毛状，中央凸而周围呈波沟放射状，后变为红色环形褶状。可感染豚鼠、兔和人，鸽与其他家禽最易感。

2. 流行特点

本病主要是通过皮肤伤口和直接接触感染，吸血昆虫也可起一定的传播作用。鸽舍窄小，通风不良，病鸽脱落的鳞屑和污染的用具均可使本病广泛传播，夏秋两季能促使本病的发生和传播。潮湿、温暖季节也有利于本病的发生。

3. 临床症状

本病主要发生在鸽的头部及头部器官，如眼睛、鼻瘤的周围和嘴角等的无毛部位。初时为白色或黄色小点，患鸽有痒感，常用爪抓痒，或挨向其他物体摩擦患部。以后病灶不断向周围扩散。病鸽出现精神、食欲不振，贫血和逐渐消瘦。有的病鸽表现呼吸困难。

4. 病理变化

消化道患病，则口腔、咽喉、食道等部位的黏膜有小点或结节状坏死，有时可波及小肠，坏死灶附近有黄色干酪样物。

5. 诊断

根据临床症状和病变可作出诊断。如发生在体表要与鸽痘和其他类似疾病相区别。

6. 防治措施

要严防本病传入鸽群，一旦发现本病，应尽快隔离病鸽，对病情严重者应淘汰，轻者治疗，同时对鸽舍及用具进行彻底消毒。

治疗主要是局部治疗，先用肥皂水将患部皮肤表面的结痂污垢清洗干净，然后用达克宁软膏、碘甘油、复方康纳乐霜涂于患部。全身治疗可用制霉菌素，按每只10万～15万单位混入饲料中，或每只1/4片喂服，每只2～3次/天，连用5～7天。

第五节　肉鸽的常见寄生虫病及其防治

一、肉鸽球虫病

球虫是世界上广泛分布的肠道单细胞寄生虫。球虫病是鸡和其他家禽的一种急性、流行性肠道寄生虫病，也是鸽的一种较常见的原虫病。青年鸽和幼鸽均易感染。

1. 病原

球虫的种类很多，为害鸽的主要是鸽艾美耳球虫。虫体寄生于鸽子的小肠黏膜内。球虫的卵囊10毫米左右，其生存的基本条件是充足的氧气、湿度和适宜的温度。具有感染性的球虫囊被鸽吃进后，在肠道黏膜上皮细胞内繁殖产生大量卵囊，随粪便排出体外，污染环境。排出体外的卵囊经1～3天发育成有感染力的孢子囊，此孢子囊被鸽子吃进以后，球虫的又一个生活周期又开始进行，与此同时造成鸽体感染发病。

2. 流行特点

球虫的生活史很复杂，分为无性繁殖和有性生殖两个阶段，整个生活周期为7～9天，刚从鸽体内排出的卵囊对外界环境的抵抗力很强，在土壤中能够生存4～9个月。干燥和高热能杀死卵囊，在55℃时10分钟即可杀死全部卵囊，寒冷可使卵囊停止发育，但并不能使其灭活。病鸽和被病鸽或带虫鸽粪便污染的饲料、饮水、土壤及用具都是本病的主要传染源。

本病多发生于春夏多雨季节。其传播方式主要是由于鸽子吃入球虫孢子囊而发生感染。病鸽、家畜、苍蝇、甲虫、蟑螂及人的手、鞋及一切用具等，都可机械地传播本病。病愈鸽是本病的重要传染源。天气潮湿多雨，活动场所过于阴暗，日粮营养搭配不当，饲料中缺乏维生素A和维生素K，都是引起球虫病流行的诱因。

3. 临床症状

鸽感染球虫病后，表现为精神沉郁、羽毛蓬乱、食欲废绝、口渴喜饮、腹泻、便血。粪便早期呈绿色或褐色水样，后期呈稀糊状黏液，直至暗红色胶冻样。感染后5～7天内死亡率最高，死亡率可达30%～50%。慢性型多见于成年鸽，病程为数周至数月，病鸽消瘦，带有间歇性下痢，死亡率较低。

4. 病理变化

幼鸽的主要病变在消化道。患小肠球虫病的病变多发生在小肠前段，剖检可见肠黏膜潮红、出血，肠管肿大，肠壁发炎增厚，浆膜呈红色，并有白点，肠内容物有血块和稀便，肝肿大有黄色坏死点。幼鸽的死亡率约为15%～17%。

5. 诊断

据病鸽的临诊症状：便血、下痢及病理剖检所见肠道的病变特点，可作为初步诊断；确诊须在肠内容物中检出球虫卵囊。方法是将肠内容物滴于玻片上，涂片内容物较干时可加点清水，盖上盖片后，于显微镜下观察，若见到圆形或卵圆形的卵囊即可确诊。

6. 防治措施

防治球虫病的关键在于预防，包括搞好鸽舍卫生，经常清除粪便，遇有阴雨季节应每天清扫鸽舍一次，将粪便堆放于粪池或粪堆中进行生物发酵处理，用20%生石灰水消毒，杀死卵囊。每天洗刷饲槽及饮水器1次，以防污染。饲料应品质优良、营养全价，应多喂富含维生素A的饲料。药物预防可用克球粉、莫能霉素、复方氨丙啉或氯丙胍等拌料。

发病后治疗可用克球粉、氨丙啉，剂量按每千克饲料添加250毫克拌料，也可用莫能霉素100～110毫克拌料，连用3～5天。为防继发感染，在喂抗球虫药的同时应饲喂抗生素。

二、鸽毛滴虫病

鸽毛滴虫病是由毛滴虫引起的，主要发生于幼鸽的一种消化道原虫病。

1. 病原

鸽毛滴虫是本病的传染源。毛滴虫寄生于上部消化道，在口咽黏膜的分泌物中进行繁殖，以纵向二分裂无性繁殖方式增殖。虫体呈圆形或梨形，有四条游离的鞭毛。

2. 流行特点

鸽子的口腔、咽、食道和嗉囊中经常有虫体存在，成年鸽通常带虫而不表现症状，因而常通过鸽乳哺喂幼鸽而直接传递；也可通过污染的饲料和饮水而传播。脐部毛滴虫，主要是附在鸽巢内的毛滴虫通过尚未闭合的脐孔，进入鸽的脐部而发病。

通常毛滴虫对成鸽的影响不大，但对幼鸽，尤其是1月龄以内的幼鸽，感染后死亡率可高达80%。在年龄较小、黏膜损伤、饲养管理不善和首次换羽时易诱发本病。

3. 临床症状

成鸽多为无症状的带虫者，幼鸽最早的发病日龄在4～7日龄，病程通常是几天到3周。根据虫体损害的部位不同，鸽毛滴虫病通常分为咽型、脐带型和内脏型三种。

咽型较为常见。病鸽常因为口腔受损而导致吞咽困难，精神沉郁，消化紊乱，消瘦，食量减少，口渴，饮水量增加，排黄绿色稀便。幼鸽往往是急性经过，出现流涎、涎水呈浅黄色黏液状，咽颈部肿胀呈结节状，下颌外侧可见凸出，用手可摸到黄豆大小的硬物。后期出现吞咽困难，食欲废绝，呼吸困难，喙闭合不全。

内脏型是由其他型发展而来的。病鸽精神、食欲不振，羽毛松乱，喝水量增加。有黄绿色黏液性腹泻，进行性消瘦。肠道受感染时，病鸽食欲废绝，羽毛松乱，排淡黄色糊状粪便，迅速消瘦和死亡。常发生于出壳后 7～30 天的雏鸽和幼鸽，死亡率也较高。

脐型是雏鸽脐孔受感染所致。可见精神呆滞，食欲减少，羽毛松乱，消瘦，脐部红肿发炎。

4. 病理变化

食道黏膜有局部灶性或弥漫性的黄白色干酪样物覆盖，也可出现在腭裂上，极易剥离。唾液黏稠，嗉囊空虚。肝脏受侵害时表面有绿豆至玉米粒大，呈霉斑样放射形的脐状病变，有的可见肠黏膜增厚。

5. 诊断

根据临诊特点及剖检病变可作出初步诊断。确诊需做病原检查。虫体的检查方法是取溃疡病灶或肠内容物少许置于载玻片上，加 1 滴生理盐水，盖上盖玻片，用光学显微镜放大 400 倍，置弱光下观察。如是毛滴虫病，可见黑豆大，梨形或长圆形，借运动器官而活动的虫体。

6. 防治措施

加强管理，幼鸽与成年鸽分群饲养，以减少幼鸽感染的机会，发病后，应及时隔离病鸽及带虫鸽，对鸽舍等环境进行清扫消毒。预防或治疗可用灭滴灵或滴虫净 0.05％饮水，也可用 1∶1500 的碘液或 0.5％的结晶紫溶液，或用 0.06％硫酸铜

饮水，连用一周。

三、肉鸽蛔虫病

肉鸽蛔虫病是一种最常见的体内寄生虫病。它是由鸽蛔虫引起的。虫体寄生于鸽的小肠，夺取营养物质，破坏肠壁细胞，影响肠的吸收转化功能，并能产生有毒的代谢产物，导致鸽发病以致死亡。

1. 病原

本病的病原是线虫纲、禽蛔科的鸽蛔虫。虫体淡黄白色，粗线状，长2.0～4.0厘米，成熟的雌虫体内充满虫卵，虫卵呈椭圆形、深灰色，壳厚而光滑，内有单个胚细胞。虫卵随鸟类的粪便排出体外，在温度和湿度适宜的条件下，经过10～15天便发育成具有感染性的虫卵，当鸽食入这些虫卵后，就发生感染。由于蛔虫卵的发育不需要中间宿主，因此鸽吃了自己的粪便也会感染。虫卵外膜在小肠中被消化液消化后其内的幼虫便逸出，在小肠中生长发育，然后幼虫钻入肠黏膜进一步发育，后又回到小肠肠腔发育成成虫。排出的虫卵在干燥条件和阳光下易被杀死。

2. 流行特点

肉鸽食入含有感染性虫卵的饲料、饮水和粪便而感染。

3. 临床症状

轻度蛔虫感染的肉鸽，常不表现症状。严重感染的肉鸽，表现便秘与下痢交替，粪便中有时带血或黏液，精神不振，营养不良，贫血，消瘦乏力，啄食羽毛或异物，食欲不振，皮肤有痒感，有时可出现抽搐及头颈歪斜等神经症状。

4. 病理变化

肉眼可见病变小肠的上段黏膜损伤，肠腔内有大量蛔虫。有时可见肝部出现线状或点状坏死灶。

5. 诊断

根据临床症状，结合剖检时发现有大量蛔虫，或取粪便涂片镜检，见有椭圆形蛔虫卵即可确诊。

6. 防治措施

可用驱蛔灵每千克体重 200～250 毫克，空腹灌服或混入少量饲料中饲喂。左旋咪唑每千克体重 2 毫克混料一次性投喂，间隔 7～10 天后再给药 1 次。驱虫净每千克体重 40～50 毫克，混料一次性投喂，连用两次。

四、肉鸽血变原虫病

肉鸽血变原虫病又称鸽血变形体病，是一种以贫血和衰弱为特征的血液寄生虫病。其他禽类也易感。

1. 病原

本病的病原为鸽血变原虫。其终末宿主为鸽等禽类，中间宿主是鸽虱、蝇和蠓等昆虫。发育史分为无性生殖和有性生殖两个阶段。无性生殖的裂殖生殖在鸽体内完成，有性生殖的配子生殖及无性生殖的孢子生殖，是在作为第二宿主的蠓或鸽虱、蝇体内完成的。在蠓体内孢子生殖须经 6～7 天完成，在虱蝇体内须经 7～14 天完成。在鸽肺泡中隔的血管内皮细胞内有大小不同的裂殖体和裂殖子。这些裂殖子侵入红细胞，并发育成配子体。当适宜的媒介在吸血时，将上述红细胞吸入，虫体就能进一步发育。血变原虫感染的特征是：裂殖生殖发生在内脏器官的内皮细胞里，配子体发育于红细胞内；在被寄生的红细胞里出现色素颗粒。

2. 流行特点

本病一年四季均可发生。在南方，尤其 5～9 月份蚊蝇、蠓等吸血昆虫生长的旺盛时期，会促使本病的传播。此时可能会出现流行高峰。

3. 临床症状

轻度感染的鸽，特别是成年鸽，病情不严重，仅表现精神不振，缩头少食，数日后恢复，或变为慢性带虫鸽，此时可出现贫血、衰弱、跛行、飞行无力，易继发其他疾病而使病情恶

化，甚至死亡。严重的病例，尤其是童鸽和体弱的育成鸽，感染后呈急性经过，表现为厌食、贫血、呼吸加快或张口呼吸。部分病鸽体温偏低，数日后死亡。

4. 病理变化

剖检时可见大多数病例血凝不良，心肌出血，肌胃肿大，还可能见到肺水肿，肝、脾、肾肿胀和硬化等病变。

5. 诊断

根据发病情况和临床症状怀疑有此病存在，如显微镜检查到血液涂片中有条状着色的配子体存在于红细胞内，便可确诊为本病。

6. 防治措施

预防本病应保持环境的清洁卫生，消除积水、污物、垃圾，消灭蠓、鸽虱和蝇等中间宿主和传播媒介，有发病史的鸽场需进行定期的预防性投药。

治疗可用阿的平，每次口服 0.1 克，每天 1 次，连用 3 天。用磷酸柏氨酸喹啉，每只 1/4 片，首次剂量加倍，连用 5～7 天。在保健砂中加入 5%的青蒿粉也可有效地预防本病。

第六节　肉鸽的一般性病症及其防治

一、肉鸽胃肠炎

胃肠炎是肉鸽经常发生的一种消化道疾病。各年龄的肉鸽都有可能发生。

1. 病因

发生胃肠炎的主要原因是饲养管理不当。如饲喂发霉变质或被病鸽粪便、毛屑污染了的饲料或饮水；或是喂给陈旧的杂豆；饲料配方不合理或变动过于频繁；保健砂供应不及时或时间太长变质；喂料时间和喂料量随意变动造成机体消化机能紊乱，使肉鸽胃肠很难适应；鸽舍阴暗潮湿，肉鸽缺乏运动，环境卫生不良，鸽的抵抗力下降，肠道中的病原菌增殖等。

2. 临床症状

病鸽表现为食欲不振，目光呆滞，消瘦憔悴，羽毛松乱，活动少，嗉囊积食，呕吐，腹部膨胀，腹泻下痢，轻者拉白色或绿色的稀粪，重者粪便为黏性墨绿色。病鸽肛门周围的羽毛被稀粪所污染。幼鸽病情较重者，如果治疗不及时则易导致死亡。

3. 防治措施

平时对鸽群要精心管理，细心饲养，经常供给新鲜的保健砂，尤其是注意饲料搭配要合理，饲料品质和饮水要符合要求，严禁饲喂变质或生虫的饲料。

对病鸽应喂给易消化的饲料和青菜，供给充足的清洁饮水，饮水中可加入少许的食盐，也可用高锰酸钾溶液或0.02%～0.04%呋喃唑酮溶液饮水。可口服乳酶生每只1片，每天2次，连用2～3天。病原微生物感染，可肌注黄连素注射液1毫升，每天2次，连用2～3天。肌注氯霉素，每只每次100毫克，每天1次，连用2～3天。

二、肉鸽嗉囊积食

肉鸽嗉囊积食又称嗉囊食滞，是一种常见的嗉囊病，常常是由于饥饿后暴食，采食了过多的谷类饲料或吞食了异物而使嗉囊阻塞。若治疗不及时，病情加重，压迫气管会导致死亡，尤其幼鸽。

1. 病因

单纯的嗉囊积食是由于采食过量，或吃了变质不易消化的饲料，或缺乏饮水，缺保健砂和砂粒，食入难消化的异物使嗉囊阻塞，饲料不能向腺胃推进而造成的。

2. 临床症状

本病多发生于乳鸽，病鸽食欲减退，嗉囊肿大，触摸时有

结实感，内充满饲料，嗉囊内的饲料不易消化，口中唾液黏稠，不吃饲料，饮水多，排粪少，粪便稀或硬结，病鸽逐渐消瘦，严重时会导致腺胃、肌胃和十二指肠全部栓塞，使整个消化道处于麻痹状态，最后死亡，乳鸽嗉囊积食极易造成穿孔。

3. 防治措施

向病鸽嗉囊内注入一些植物油使食物软化，然后用手向食道方向轻挤食物使食物排出，较严重的用橡皮管从口插入嗉囊，灌入生理盐水或0.5%高锰酸钾，直灌到嗉囊膨胀，然后使头朝下，用手轻轻按压嗉囊，使积存物和水一同排出，如此反复冲洗挤压多次，直到嗉囊内食物全部排出为止。再喂服几次蓖麻油，使肠内积食泻净，一般经过治疗1～2天后便可痊愈。为防止感染，冲洗后，可适当喂一些抗生素和健胃药，当病情有所好转时喂给浸泡过的易消化的饲料及青菜。轻度积食可用酵母片或多酶片灌服，每次一片，每天2次。乳鸽积食时，令其与亲鸽隔离1～2小时，并喂复方维生素B溶液1毫升，或灌服小苏打或人工盐，每只鸽0.5～0.8克，用清洁水溶解后灌服，同时喂一些细小的砂粒，以提高消化能力。

对于嗉囊阻塞过于严重的患鸽应采用嗉囊切开术治疗。手术时先拔掉嗉囊周围附近的羽毛，将皮肤用酒精或碘酊消毒后，沿嗉囊内侧面将皮肤切开2厘米，然后避开嗉囊上的血管纵切开嗉囊，切口不可过大，以方便取出异物为度。用镊子夹出阻塞物后，将嗉囊壁用酒精消毒，然后用丝线连续缝合，皮肤作结节缝合。缝合后将创口用碘酊消毒，最后撒上一些硫磺粉，手术后12小时内禁止饮水或给料，以后也应适当控制饲喂，5～7天后可拆除皮肤上的缝合线。

三、便秘

1. 病因

鸽便秘是由于饲养管理不善，突然更换饲料或喂了不易消化的饲料，运动不足，饮水缺乏等原因造成的鸽子排便不畅。

2. 临床症状

食欲减少，不断有排便动作，但不见粪便排出，肛门膨胀，有时能触摸到泄殖腔内有粪便。患鸽常表现烦躁不安。

3. 防治措施

首先用温水将凝结在肛门周围的粪便洗净，然后灌喂5%硫酸钠5～10毫升、石蜡3～6毫升，同时用5%人工盐作为饮用水。平时要注意多喂一些青绿饲料，加强运动，饮水要充足。

四、眼疾

饲养管理不当常造成肉鸽的眼睛出现不适，一旦眼睛出现问题，可能影响其采食、饮水等活动。所以日常管理中一定要注意保护肉鸽的眼睛，避免出现眼疾。

1. 病因

肉鸽常见的眼疾有结膜炎和角膜炎。结膜炎的发生常常是由于眼睛遭受到了有害气体的侵袭，尘埃进入眼睛内，使眼睛受伤，或是由于鸽患传染病（如鸟疫、副伤寒、眼炎、霉形体病）及维生素A缺乏等；角膜炎的发生则是由于被别的鸽子啄伤，或被其他物体碰伤，以及草芒、粗糠等嵌入角膜而引起的角膜发炎。

2. 临床症状

发生结膜炎时，病鸽眼结膜充血、肿胀、流泪，严重时上下眼睑合拢；角膜炎的症状则是畏明流泪，敏感疼痛，眼睑闭锁，检查时可见角膜呈树枝状充血，出现不同程度的混浊和缺损。

3. 防治措施

预防眼疾要注意保持环境卫生，保持空气清新，防止尘土飞扬；加强饲养管理，采取各种措施，杜绝或减少各种可能引

起眼疾的因素；饲料搭配要合理，尤其注意维生素A的合理补充。

发现肉鸽有结膜炎时，可用2%硼酸水溶液洗眼，用金霉素眼药膏或四环素药膏涂抹眼睛，或用醋酸可的松眼药水滴眼。若是传染病引起的，还应针对病原进行全身治疗。

发现鸽有角膜炎时，可将患鸽置于暗处，尽量避开光亮，及时清除刺激物，同时清洗眼内分泌物，必要时可用普鲁卡因、氢化可的松青霉素滴眼，也可用甘汞、葡萄糖粉按1∶5的比例吹入眼内，每天一次，连用3～5天。

五、外伤

1. 病因

外伤是肉鸽的一种常见病症。因同伴间的相互殴斗，或是在飞翔过程中碰撞到障碍物，或是受到其他动物的侵袭，都可能出现此类病症。

2. 临床表现

肉鸽受到上述各种因素伤害后，可见鸽拼命挣扎，痛苦不堪，流泪，全身必抖，有时可见有明显外伤。

3. 治疗措施

遇有肉鸽受外伤时，工作人员要细心安抚，不可过于慌乱。若发现有明显的出血现象，就立即用止血消毒药进行处理，以防流血过多。一般性外伤，应等鸽子安静放松后再进行处理。处理时，伤口先用双氧水清洗消毒，再撒上消炎粉或油剂青霉素等，以防细菌感染。如果有骨折等现象，视鸽的实际情况决定是否淘汰，对仍有利用价值的种鸽，可待其体能稍有恢复后再实施手术。

脓肿是外伤最常见的一种表现，是由于组织受伤感染或是由于化脓菌感染而引起的病症。鸽常见的脓肿部位是脚底部，其他部位也可发生。脓肿初期表现为局部红、肿、热、痛（敏感），以后则变软，触之有波动感。对脓肿的处理应待其成熟软化后再切开，将脓汁排净后，为防止继发感染，应用消毒药水将脓创冲洗干净，内涂以碘酊并包上绷带。2 天换一次药，一般一周左右即可痊愈。

六、难产

1. 病因

难产常发生于初产鸽。主要是由于输卵管狭窄或发炎，或是由于种蛋过大、畸形或沙壳蛋，鸽体过肥，腹脂过多，或者由于产鸽过度疲劳，无力排卵所致。

2. 临床症状

发生难产的种鸽多表现为神态不安，频作产蛋姿势，但无蛋产出。用手可触摸到下腹部有蛋存在。

3. 治疗措施

处理难产，可在雌鸽泄殖腔内注入少量的花生油，然后用手轻轻按摩腹部帮助其将卵排出，若仍有困难，第二天再做一次。排卵后若引起泄殖腔外伤，可用 1%盐水或 2%硼酸水清洗后，再涂抗生素软膏。若采用上述方法无效，可在确定蛋的准确位置后，用一个尖锐的利器将蛋壳弄破，然后协助种鸽将蛋内容物及蛋壳排出，待全部排出后可用 2%硼酸液等清洗消毒。为防止发炎，可同时口服抗生素类药物，日服 2 次，按说明剂量服用，连服 5 天。难产是由于输卵管狭窄或扭转而造成的，通常无法治疗。如果患鸽变成了习惯性难产，应视实际情况考虑淘汰。为促使患鸽早日康复，在饲养管理方面要注意喂给患鸽易于消化的饲料，并适当增加青饲料的给量。

七、体表寄生虫病

寄生于鸽体表的寄生虫主要有蜱、螨、虱等。蜱是鸽体表寄生虫中较大者。这些寄生虫寄生于鸽体表，以吸血，食皮屑、羽毛等为生。寄生的时间长短不一，有的终生寄生于鸽体

上，如螨、虱；有的则很短暂，如蜱。

体表寄生虫对鸽健康的影响，视寄生的数量不同而不同。很少量的寄生虫，对鸽体的影响不大，但若大量寄生时，则可引起鸽体骚动不安，皮肤损伤（皮炎）、脱毛、贫血、消瘦，甚至死亡。同时还可能传播某些传染病。所以，对鸽体表寄生虫的防治应引起充分重视。具体方法如下：

（1）加强卫生管理，保持环境清洁、干燥。

（2）经常给鸽洗澡。同时要经常对鸽舍的墙裙、地面及工具等清洗消毒，以杀灭隐藏在墙壁、土壤、木栖架、鸽箱等物具中的蜱。在地面上撒上石灰粉，既可防潮又可消毒。

（3）鸽舍外附近的环境也应保持清洁卫生，避免周围环境中杂草丛生，以防病媒虫害滋生。堆放处理粪便的场所应尽量远离鸽舍。

（4）用0.125%～0.5%的双氯苯氧苄菊酸酯喷洒或撒布，以杀灭隐藏于墙上、土壤、栖架、鸽箱或窝巢等物上的蜱、螨。喷时要重点喷射缝隙和蜱隐居的地方，要喷至药液在各种物体上形成小水滴为止。同时要注意不要喷到饮水、饲料和饮饲槽内，以防造成中毒。

（5）驱除鸽的体表寄生虫，可采用药物揉抹和药浴的方法。揉抹是将粉剂灭虫药装入喷粉器中，保定好病鸽，在患处喷撒。用药后用手揉搓羽毛，以使药粉均匀分布于体表。常用的药物有除虫菊粉，或1∶9的硫磺粉和滑石粉的混合物。药浴主要用于大群治疗，在天气暖和时，用温水将药液配好后，先用手握住鸽的翅膀，将鸽体浸入药液内约数秒，使药液接触到鸽的皮肤，然后再把鸽头浸浴1～2次，待鸽身上的药液尽量流净后再放掉。药浴常用的药物有1%氟化钠，1∶8000溴氢菊酯，0.125%～0.5%的双氯氧苄菊酸酯；防治羽虱可在鸽洗澡水中加入2%碘酒。

治疗鳞足螨（突变膝螨）可先将患鸽的脚浸入温热的肥皂水中，使痂皮软化、除去痂皮，患部用20%硫磺软膏，或2%

石炭酸软膏，或用来苏尔5份、酒精25份、软肥皂25份配制而成的药膏涂抹。间隔数天用药1次，短期内即可痊愈。

八、中毒性疾病

肉鸽常见的中毒性疾病有食盐中毒、药物中毒、农药中毒及真菌中毒。

1. 食盐中毒

食盐是肉鸽日粮中重要的配料之一，并且鸽子有采食食盐的习惯，当日粮中的食盐过量或长期不喂食盐时，突然喂给大量食盐，则可发生食盐中毒。鸽发生食盐中毒时可见：口渴、饮水量增加，嗉囊膨胀，无食欲，拉稀，口腔流出多量黏液，双脚无力，卧地不起，肌肉痉挛，严重的可引起死亡。

如果发现肉鸽出现此类现象，应立即停止饲喂含食盐的食物或饮水，供给充足的清洁温水或灌服大量温水和食糖水。病初可口服油类泻剂，也可静脉注射生理盐水或葡萄糖溶液。中毒轻的，停盐后往往可不加治疗而待其自行好转。

2. 药物中毒

主要是由于药物使用不当或过量引起的中毒。常见的有呋喃西林、呋喃唑酮（痢特灵）中毒和磺胺类药物中毒。

呋喃唑酮是预防和治疗鸽病的常用药，若用量过大或服用时间过长，均可引起中毒。中毒症状有：口渴喜饮，兴奋不安，步态不稳；有的出现神经症状，如歪头、斜颈、惊厥抽搐，严重中毒者可发生死亡；慢性中毒则可见鸽贫血、消瘦、生长发育不良。对急性的呋喃唑酮中毒有神经症状者，可选用阿托品肌内注射，每次每只注射0.1毫升，用量不能过大，否则会引起阿托品中毒。饮水中加入甘草和食糖可以解毒。

磺胺类药物若用药过量或持续大量用药也会引起中毒。在饮水或饲料中含有0.2%以上浓度的磺胺类药物即可引起中毒，雏鸽吃了含0.25%～1.5%磺胺甲基嘧啶的饲料或口服

0.5克磺胺类药物，即可出现生长缓慢，持续性用药可出现痛风、肾机能障碍、出血性素质等症。所以在使用磺胺类药物时，连续用药时间不能超过1周，给药期间应多给饮水，在饮水中加入1%～5%的小苏打也可解毒。

预防药物中毒，主要应注意合理使用治疗药，切忌滥用。在防病用药拌料时，应先使鸽子吃半饱，再喂给含药的饲料，以防贪食过多的鸽子出现中毒。喂药时要按大小分组，按量分给，分散放置饲槽，防止抢食。

3. 农药中毒

常见的农药中毒主要有有机磷中毒、有机氯中毒。常用的有机磷农药有1605、1059、3911、敌百虫、乐果、4049、杀螟松、倍硫磷等，有机氯农药有滴滴涕、六六六等。

有机磷农药中毒后的症状有：食欲废绝，大量流口水、鼻水，流眼泪，呼吸困难，肌肉震颤无力，口渴，下痢，运动失调，最后常因呼吸道黏液堵塞窒息而死。最急性中毒往往不显任何症状而突然死亡。治疗原则是尽快解毒排毒，对症治疗，强心补液。解毒、排毒可灌服盐类泻剂等（严禁用油类泻剂），以尽快排除嗉囊及胃肠道内尚未吸收的农药；灌服石灰水等碱性药物以破坏其毒性。如用3克氢氧化钙溶解在1000毫升的冷水中，搅拌均匀，取上清液灌服5～7毫升。此法对解除1605的毒性效果较好，但对敌百虫不适用。也可灌服2%硫酸铜溶液。中毒严重时可肌注解磷啶0.2～0.5毫升（每毫升含4毫克）或硫酸阿托品（每毫升含0.5毫克）0.2～0.5毫升。另外还可用强心剂。腹泻严重者还需补液，以防因心力衰竭而突然死亡。

有机氯农药中毒可见明显的神经症状，如肌肉震颤，腿强直，麻痹，口吐白沫，呼吸困难，心跳加快，最后因虚脱而死。也有的出现精神沉郁，昏迷等症状。治疗也可用上述石灰水等碱性药物，滴滴涕中毒时可灌服稀盐酸破坏其毒性。

防止农药中毒主要应加强对农药的使用与管理，使用时应按操作方法及规定的剂量进行。应尽量选用高效、低毒、低残留的农药来杀灭害虫，避免使用剧毒农药。

4. 真菌中毒

比较常见是曲霉菌中毒。这是由于饲料发霉，被黄曲霉污染而引起的，在南方潮湿季节极易发生此病。

黄曲霉毒素是黄曲霉的一种有毒代谢产物。玉米、小麦、稻谷和花生等饲料，由于贮藏不善或含水量过高，极易长黄曲霉，鸽子吃了这些发霉的饲料便可引起中毒。黄曲霉毒素共有8种，其中毒力最强的是黄曲霉毒素B_1。这种毒素对人畜禽均有剧烈毒性，是一种烈性致癌物。当每千克饲料中黄曲霉毒素含量达0.75毫克时，便能引起幼鸽中毒。

鸽中毒后症状表现为食欲不振，贫血，消瘦，腹泻，排出白色或绿色稀粪，易发生死亡。幼鸽一般多为急性中毒，无明显症状，突然死亡。死后剖检可见主要病变在肝脏。急性中毒时，肝常常肿大，色淡，有出血斑。慢性中毒的肝常发生硬化，并见有灰白色的点状增生病灶。黄曲霉中毒的诊断可根据上述本病的流行特点、临床表现、肝脏的特征性病变以及检查饲料的发霉情况作出初步诊断。确诊可通过下述两种方法来进行：

一是将可疑的饲料样品直接放在365纳米波长的紫外线下观察荧光反应，若饲料中含有黄曲霉毒素B_1，即可见到毒素部分发出一种绿色或黄绿色带金属光泽的荧光。

另一种方法是将可疑饲料培养物喂饲1周龄的雏鸭，雏鸭对黄曲霉毒素极为敏感，若含有黄曲霉毒素，则雏鸭采食后很快发生中毒死亡，死亡率在100%。

防治鸽黄曲霉毒素中毒最根本的措施是禁用霉变饲料喂鸽子。当谷物饲料及其加工副产品含水量20%～30%时，黄曲霉繁殖最快，而当含水量低于12%时则不能繁殖。此外，黄曲霉在温度低于2℃或高于50℃时不能繁殖，所以预防黄曲霉毒素中毒有效方法之一就是保持鸽饲料的干燥。被霉菌污染的

饲料仓库，用福尔马林熏蒸消毒；中毒的病鸽肉不能食用，应深埋或烧毁。

九、维生素A缺乏症

维生素A缺乏症是由于维生素A缺乏而引起的黏膜、皮肤上皮角质化，生长停滞，并以干眼病为主要特征的营养代谢病。

1. 病因

饲料中缺乏维生素A是造成本病的主要原因。如果日粮中缺少富含维生素A的饲料或维生素添加剂，以及饲料贮存时间过久，维生素A被氧化破坏，都会导致维生素A缺乏。患有胃肠疾病及寄生虫病时，会影响维生素A的吸收，也会造成维生素A缺乏症。

2. 临床症状

成年鸽缺乏维生素A，表现精神不振，食欲减退，生长停滞，贫血，逐渐消瘦，羽毛无光泽。特征性症状是，病鸽眼中流出水样分泌物，上下眼睑黏着，严重时，眼内有乳白色干酪样物，角膜发生软化和穿孔，最后失明，呼吸困难，口腔黏膜和食道黏膜上出现白色小结节或覆盖一层有干酪样物质构成的假膜，易剥离，幼鸽易出现神经症状，发病率较高。

3. 病理变化

消化道和呼吸道黏膜肿胀发炎和坏死。鼻腔、口腔、食道及咽部出现小白色脓疱，并蔓延到嗉囊。肾脏和输尿管内有多量尿酸盐蓄积，同时，在心脏、心包、肝及脾等器官表面有尿酸盐附着。

4. 防治措施

日粮中要注意补充富含维生素A的饲料，如鱼肝油、胡萝卜、玉米、苜蓿等。大群治疗时，将鱼肝油混入饲料中，每千克饲料中加0.5毫升。由于维生素A是一种脂溶性和不稳定的物质，很容易被氧化破坏，对饲料注意保管，防止酸败、产热和氧化，以免维生素 A 被破坏。

十、维生素 B_1 缺乏症

维生素 B_1（硫胺素）缺乏症是由于缺乏维生素 B_1 引起的以出现多发性神经炎为特征的一种肉鸽营养代谢病。

1. 病因

当饲料中维生素 B_1 含量不足或患有消化道疾病时，维生素 B_1 吸收和合成功能降低，或是饲料加热处理造成维生素 B_1 被破坏等，均可导致机体发生维生素 B_1 缺乏症。

2. 临床症状

病鸽初期食欲减少，体重减轻。病情进一步发展，表现贫血、下痢，出现多发性神经症状，如嗜睡，头部震颤，肌肉麻痹或痉挛，两腿伸直，或身体坐在屈曲的腿上，头缩向后方呈特征性的“观星”样姿势。

3. 防治措施

为防止本病发生，在饲养过程中饲料要注意调配，各种谷类、麸皮、新鲜的青绿饲料和酵母、乳制品都含有丰富的维生素 B_1，适当多喂这一类饲料，可防治肉鸽维生素 B_1 缺乏症。在贮存饲料时要注意时间不可过久，加热时要注意时间和温度，以免破坏维生素 B_1，治疗时可投给盐酸硫胺，每千克体重 2.0 毫克拌在饲料中，也可肌肉注射维生素 B_1。

十一、维生素 B_2 缺乏症

维生素 B_2 缺乏症是由于缺乏维生素 B_2 而引起的一种营养代谢病。特点是病鸽发育受阻，趾爪向内弯曲。

1. 病因

饲料单一，如单纯饲喂谷粒、碎大米等，或饲料贮存时间过久，或喂给劣质、曝晒、烘干及碱处理的谷物，都会影响肉鸽对维生素 B_2 的吸收，从而引发维生素 B_2 缺乏症。

2. 临床症状

幼鸽生长缓慢、消瘦、腹泻，不愿意走动，甚至头、尾、翅低垂，脚趾向内弯曲，瘫伏于地或翅膀辅助跗关节行走；肌肉松弛，严重时萎缩；皮肤干燥、粗糙。蛋的孵化率低，胚胎死亡率高。

3. 病理变化

肉眼可见到病鸽坐骨神经、臂神经肿大和柔软。

4. 防治措施

日粮中注意补充维生素 B_2 添加剂或含维生素 B_2 较多的物质，如酵母、脱脂乳、新鲜青绿饲料，对严重的病鸽，可用复方维生素 B_2 注射液，每只每天 2 毫升，连用 2～3 天。维生素 B_2 粉拌料，每千克饲料添加维生素 B_2 20 毫克。

十二、维生素 D 缺乏症

维生素 D 缺乏症是由于维生素 D 缺乏所引起的一种营养代谢性疾病，以幼鸽佝偻病为特征。

1. 病因

笼养鸽缺乏阳光照射，若饲料中没有添加维生素 D 和鱼肝油，极易发生维生素 D 缺乏。维生素 D 较为稳定，但饲料长时间存放、霉变、日光照射等能使维生素 D 受到破坏。另外，胃肠、肝脏疾病及长期使用磺胺类药物也能造成维生素 D 缺乏症。

2. 临床症状

幼鸽维生素 D 缺乏时，骨质钙化受到抑制而导致佝偻病，生长发育受阻，行走困难，腿骨变脆易折断。喙、爪变得软弱。用手触压，如橡皮一样柔软，严重时喙不能啄食。

3. 病理变化

幼鸽的特征性变化是在背部脊椎和胸肋相接处向内弯，形成一条肋骨内弯沟现象，肋骨和脊椎交接处肿胀呈串珠样，胫骨和股骨的骨骺钙化不良。

4. 防治措施

一次性肌内注射维生素 D，每千克体重 1000 国际单位，或给幼鸽一次性喂服 15000 国际单位，然后保证适量供应。每 100 千克饲料中加鱼肝油 50 毫克和多种复合维生素 25 克，重症鸽可逐只滴喂鱼肝油，每次 2～3 滴，每天 1 次。笼养肉鸽一定要注意补充维生素 D。

第八章 肉鸽的产品加工

第一节 乳鸽的屠宰

一、屠宰日龄

乳鸽屠宰的日龄最好在25～30天，根据羽毛的生长情况，可以看出乳鸽的日龄。未满20日龄的乳鸽头部长满尖细的乳毛，背上和翅膀上的羽毛还未长齐，颜色较浅；21～25日龄的乳鸽头部和颈部长出部分羽毛，部分纤细的乳毛已退去，身上羽毛基本长齐，颜色较浅；25～30日龄乳鸽头部、颈部纤细的乳毛大部分已被羽毛代替，翅膀主翼羽长出较长，坚硬度增加，羽毛也增长；30日龄以上的乳鸽头、颈、身上的尖细乳毛随着日龄的增加而减少，羽毛颜色变深且随着年龄增大而越发漂亮，有光泽。25～30日龄的乳鸽不易脱净。若将屠宰日龄推迟，虽然羽毛容易脱离，但乳鸽的饲料报酬会降低，肌肉也不丰满。

二、乳鸽的屠宰方法

原始的杀鸽方法就像杀鸡一样，用左手捉住乳鸽的翅膀和腿，头部向下，右手拿小刀割断颈静脉，血便从颈部流出。这种方法比较简单易行，但其缺点是乳鸽的颈部常有紫色血斑，影响胴体的美观。最好的方法是直接刺颈法。可先用铁皮做一个圆锥形铁罐，挂在一个固定的铁架上，铁罐上面口大，下面口小，屠宰时将乳鸽头部向下，放在圆锥形铁罐内，头伸出圆锥形铁罐底部的下口外，屠宰者用小刀伸进乳鸽口内，直刺头盖骨和颈部，然后将小刀迅速旋转拉出，鸽的血液就可以通过颈部血管流出口外。这样屠宰的乳鸽翅膀和双脚不能扑动挣扎，血液流得比较彻底，较少留下紫色血斑，而且节省时间。自制屠宰刀可用废钢锯条磨成，刀刃长6～7厘米，宽0.7厘米，刀总长18～20厘米。

乳鸽宰后应先洗净鸽嘴两旁的血液。然后清理嗉囊。可用一条软导管或医用吸球吸水，灌进乳鸽嗉囊内，用手指轻按嗉囊，再将胴体头部向下，用手将乳鸽嗉囊的水和食物挤出。

三、拔毛

乳鸽的拔毛有干拔和湿拔两种。干拔是直接将羽毛从皮肤上拔下来，可保持乳鸽的"粉嫩感"。但干拔毛速度慢，一般熟练的人每小时可拔10～15只乳鸽。拔毛时必须小心，否则容易撕坏皮肤，特别是乳鸽的翅膀和肌肉容易撕裂。湿拔是用60～70℃的水烫约10～15秒，待胴体皮肤变红且柔软，这样羽毛容易脱落，不损伤乳鸽肌肤。稍凉后放入自动脱毛机中，进行脱毛处理。烫时注意水温不可过高，时间也不能太长，以免皮肤脱落、颜色变深且缺乏光泽，影响外观，降低收益。

四、包装整形

拔完毛应做净膛处理，用剪刀剪断肛门与四周的联系，拉出肠子，右手食指伸入腹腔，掏出全部内脏，冲洗光鸽，去掉肌胃内容物，将鸽胗、心、肝冲洗干净后放入乳鸽腹腔中。同时进行整理和初检，除去残留的羽毛，嘴壳、脚皮、爪甲，放在水槽中用自来水流水冲洗5分钟，漂去浮毛和污物，然后在水槽中浸泡1小时，再流水冲洗5分钟，最后捞出。为保证乳鸽产品重量准确，经浸泡冲洗后的光鸽要放在塑料转运箱中进行沥水，自然干燥30分钟左右，每只光鸽逐只称重，按重量和肤色分级放入塑料转运箱。在称重分级的同时，注意光鸽的质量，带伤痕、破皮、瘦弱、皮肤深暗或有其他缺陷的光鸽另

外处理出售。按光鸽重量可分为 375 克/只、415 克/只和 500 克/只三种规格分级，分级后的乳鸽逐只用食品塑料袋包装，包装时乳鸽头颈弯向右侧，夹在右侧翅膀内，并使头露出外面，两脚弯曲折向腹腔开口内。使胸脯向上，装入透明的食品袋中，每只食品袋装 1 只乳鸽，用多功能真空充气包装机，将每只乳鸽进行真空包装，再按等级放入包装箱中，快速送入冷藏室。

五、贮藏

乳鸽称重后按收购的四个级别体重标准分级放置，按出口或销售的要求进行包装后，可放入冷藏室内，气温较高的春、夏季运输乳鸽屠体可在冷藏柜内放足冰块降温，保持鸽体新鲜，一般冷藏后的乳鸽，味道仍然新鲜好吃。

若有冷藏库，可快速冷冻，将冷藏温度降到－20～－30℃，这样可以保留乳鸽的鲜美味道。

六、乳鸽的收购标准

乳鸽的收购标准一般为日龄在 25 天，体重达到 500 克以上，允许有少量不明显的羽毛，无病，无残，胸肌饱满。用手指从背部向胸部抓过，拇指与中指的距离相差 2～3 厘米，这样的肥度刚好适合销售。

乳鸽屠宰后去掉毛、血和内脏，重量应不低于 350 克。王鸽的乳鸽屠体重应在 450 克左右；石岐鸽和贺姆鸽屠体重在 410 克左右；香港杂交王鸽屠体重应在 400～450 克。

屠宰后的乳鸽多直接销售，要求屠体的皮肤呈灰白色或浅黄色，无血斑和残存羽毛。应用透明的塑料袋包装，并附上出厂的商标、日期和保存日期、保存方法。体型较小的鸽子，价格相对较低，可用来煲汤或炖补；体型较大的价格相对较高，可做成红烧乳鸽或炖乳鸽。

广东市场上近几年收购乳鸽一般分为四级：一级要求体重不低于 650 克；二级体重在 600～650 克之间；三级体重在

500～600 克之间；四级体重在 400～500 克之间。整批收购乳鸽要求体重不能相差太多，一、二级鸽应占总量的 80%以上，三级鸽占 15%～18%。

第二节　肉鸽的产品深加工

一、酱香乳鸽

1. 工艺流程

选择鸽子→绝食→屠宰→去毛及内脏→浸洗→腌制→卤制→烘烤→整形→装袋→真空封口→杀菌→包装贮运

2. 操作要点

（1）选择鸽子　选择健康肥壮肉鸽作为加工原料，每只约 400 克。

（2）绝食　绝食 12～24 小时，绝食期间提供 1%～2%盐水于水槽内。

（3）屠宰　用尖刀刺穿颈部血管，将血放尽。

（4）去毛及内脏　将鸽置入 80℃水中 40 秒并不停翻动，拔净羽毛和绒毛，去喙、脚部的皮肤及杂物，取出内脏，洗净后备用。

（5）燎毛清洗　用酒精燃烧燎毛后将其置于 2%～3%盐水中浸泡 30～40 分钟，洗净置于腌制缸中。

（6）腌制　腌制混合盐的配制：精盐 9.3 千克（1 千克＝2 市斤），砂糖 1.5 千克。将砂糖拌和，然后与精盐混匀。混合盐存放于干燥处。辅料配比：每 100 千克原料加入白酒 1.5～2.8 千克，酱油 2～3 千克，香料水 15～20 千克，以淹没原料为准。

（7）卤制　按 100 千克肉鸽的用量：料酒、味精、老姜各 2.5 千克，酱油 3 千克，葱白 2～3 千克，老扣、草果、桂皮各 0.5～2 千克，八角（大料）0.3 千克。香辛料汤应提前制

备，待沸后加入肉鸽再煮沸2～3分钟，起锅后抹上糖色。香辛料的调整应按肉鸽加工量增减。

(8) 烘烤　将鸽头弯曲插入胸部，两爪抓住腹中。烘烤温度80～88℃，时间为1～2小时。如无烘烤设备可置入180～200℃植物油中炸40～60秒。

(9) 整形　剔除骨外露者。

(10) 装袋　每只鸽装1袋，剔除畸形者。

(11) 真空封口　用高温复合薄膜包装，真空封口。

(12) 杀菌　300克装采用升温10分钟，恒温35分钟(120℃)，再降温至38～42℃的方法杀菌。

(13) 包装贮运　晾干，将外包装封口，装箱后入库贮存。

二、麻辣乳鸽

麻辣乳鸽是以新鲜乳鸽为原料，腌制涂料后，用远红外线烤制而成，产品具有外酥内嫩、色鲜味美、麻辣爽口、香而不腻等特点，深受消费者欢迎。

1. 工艺流程

乳鸽的选择→宰前处理→宰杀放血→烫毛,退毛→开膛、净膛
↓
填料←晾干←烫皮←晾干←浸卤腌制←清洗←去头爪
↓
涂料→晾干→烘烤→成品→整形

2. 材料及设备

乳鸽。香辛料：花椒、桂皮、生姜、大茴香、小茴香、大蒜等。调味料：白糖、料酒、味精、食盐、辣椒、葱、香菇等。涂料：饴糖或蜂蜜、辣椒粉。设备：远红外线烤箱、浸提锅、腌卤缸等。

3. 配方

腌制用料配方：鲜乳鸽5千克、大茴香15克、盐175克、小茴香4克、花椒20克、葱10克、桂皮3克、干辣椒120克、生姜50克、白砂糖100克、味精15克、料酒50克。涂

料配方：饴糖或蜂蜜 30%，料酒 10%，腌卤料液 20%，水 40%，辣椒粉适量。

4. 加工技术

（1）乳鸽的选择　选饲养 25 天，活重 500 克的健康乳鸽为原料。

（2）宰前处理　宰前使鸽避免剧烈运动，以及惊吓、冷热刺激。宰前 18 小时开始绝食，绝食期间充足的饮水，绝食场应为水泥或水磨石地面，附近无砂石、杂草，以防饿时啄食。

（3）宰杀放血　在颈部切断三管法（即切断气管、食管和血管的方法）宰杀，操作要准，刀口小，放血完全。

（4）烫毛，退毛　放血后的鸽应尽快退毛，浸烫水温一般控制在 60～65℃，水温要恒定，浸烫 1 分钟左右。以易拔掉背毛为宜，不得弄破鸽皮，绒毛除尽。

（5）开膛、净膛　从腹部开 2～3 厘米的刀口，摘掉内脏，拉出食道、气管，并沿肛门外围用刀割下，防止胃肠、胆汁污染胴体。同时将余血除净。

（6）去头爪　将头爪除去。

（7）清洗　手工洗净体内外污物及血水。

（8）浸卤腌制　将按比例配制的香辛料放入盛有 3 千克水的浸提锅中，加热至沸并文火保持 30 分钟，将浸提液过滤于浸泡锅中，再加入配方中的白糖、黄酒、食盐、葱搅匀，冷却备用。待料液冷却至 25℃以下时将处理好的鸽放入腌料液中，腌制 4～6 小时即可。

（9）晾干与烫皮　将腌好的鸽坯表皮晾干，然后用勺舀沸腾的卤液浇于鸽体上，这样可减少烤制时毛孔流失脂肪，并使表皮蛋白质凝固。烫后的鸽坯再晾干表面水分。

（10）填料　将烫皮晾干的鸽坯腹部开口，将葱、姜、香菇等料填入腔内，然后将口缝好。填料量葱为鸽重的 10%，姜为鸽重的 20%，香菇适量。

（11）涂料晾干　按配方将搅匀涂料分两次均匀地涂于体

表，然后放通风处晾干。涂料时鸽体表面不得有水、油，以免烤时着色不均而出现花皮现象。

（12）烘烤　先将烤箱温度迅速升至230℃，再将涂料晾干的鸽坯移入箱，恒温烤制5分钟，这时表皮已开始焦糖化。然后打开烤箱排气孔将炉温降至190℃烤25分钟，烤至表皮呈金黄色，再关闭电源焖5分钟即可出炉。

（13）成品　出炉后的成品鸽，鸽腹朝上放入盘中，将钢丝针取下整形后即可出售。

第三节　肉鸽的几种家常烹饪方法

秋冬时节，肉鸽是很多人食补的重要食材。肉鸽肉味鲜美，营养丰富，还有一定的辅助医疗作用。鸽肉所含蛋白质中有许多人体的必需氨基酸，这些氨基酸的消化吸收率在95%以上，故对老年人、体虚病弱者、开刀病人、孕妇及儿童有恢复体力、愈合伤口、增强脑力和视力的功用。乳鸽（指4周龄的幼鸽）营养更佳。民间素有“一鸽抵九鸡”的说法，现将常见的食用烹调法介绍如下：

一、炸乳鸽

材料：500克乳鸽1只，鸡蛋1只；淀粉，面包屑，酱油，黄酒，砂糖，盐，葱，姜，花椒盐，花生油或豆油250克。

加工方法：乳鸽一只宰杀，去毛，除内脏，从脊背处一分为二，放入100℃沸水中煮10分钟左右，取出凉透，放在调料中浸1小时左右。调料用盐、酱油、糖、酒、葱、姜末混合而成。要求鸽体内外都能浸入调料，故在中间需翻转两次，取鸡蛋打碎，加淀粉混成糊状，涂抹在鸽体皮上；然后洒上面包屑，放入加热后的花生油锅中炸，火不能太旺，炸至外表呈金黄色即可装盘蘸花椒盐食用。

花椒盐制法：取花椒 5 克，盐 10 克，置铁锅中用微火烘干，取出捣碎研细后蘸用。

二、油焖乳鸽

材料：500 克乳鸽 2 只，鸡蛋 2 只，生油或豆油 250 克，酱油，盐，砂糖，黄酒，淀粉，葱，姜，花椒粉。

加工方法：乳鸽 2 只宰杀，去毛，除内脏，每只从背脊切开一分为二，用刀背轻击鸽肉使肉纤维松软。鸡蛋打碎取蛋黄和 2 汤匙淀粉调匀，涂在鸽肉上，放入加热后的油锅中煎呈黄色，取出。

另用一深锅，放入沸水 1 碗，加糖 10 克，酱油 2 汤匙，酒 2 汤匙，葱、姜及花椒粉、盐少许，将煎好的鸽肉放入锅中炖，待肉酥软后，将原汁收干，浇在鸽肉上即可食用。

三、脆皮乳鸽

材料：500 克乳鸽 2 只，麦芽糖 50 克，醋 5 克，生油或豆油 250 克，卤汁 200 克。

卤汁配料：八角，甘草，桂皮，丁香，葱，姜，酒及水 200 克。

加工方法：先将卤汁配好，煮半小时熄火，把乳鸽放入卤中浸泡半小时，取出沥去水分。醋加入麦芽糖中调匀，涂在鸽表皮，待表皮风干后放入热油锅中炸成金黄色，趁热用手撕着吃，别有风味。

四、贵妃乳鸽

材料：500 克乳鸽 2 只，竹笋 100 克，酱油、黄酒、葱、姜、生粉、盐及花生油适量，香菇 5 只。

加工方法：乳鸽宰后，去毛及内脏，漂洗清洁，切成大块，加入酱油、酒、糖、盐，拌匀浸半小时。竹笋切成菱形，香菇切成条状，备用。

取花生油50克，入铁锅烧热，先放入葱、姜，再将切成块状的乳鸽炒至肉变熟为止，加入竹笋及香菇炒拌，加入少量汤汁后移至砂锅中，以文火煮半小时，中间翻动2～3次，食前加入味精及生粉少许。

五、焗乳鸽

材料：500克乳鸽2只，生油500克，黑胡椒粉，生粉，精盐，砂糖，酱油，番茄酱及洋葱。

加工方法：杀好去内脏的乳鸽，吹干，内外涂抹酱油，腌半小时，放在油锅中炸2分钟呈金黄色时捞起，锅中留油少许，放入切成丝的洋葱略炒。然后将乳鸽及其他调味品一起放在锅中，使盐、糖、柠檬汁、胡椒粉、番茄酱煮成汁，均匀地沾在鸽体四周。

六、清蒸乳鸽

材料：500克乳鸽1只，金针菇，木耳，香菇，火腿，姜，葱，酒，盐及麻油。

加工方法：金针菇、木耳、香菇浸软洗净待用，葱、姜切成碎末。乳鸽去毛去内脏洗净，切成4片，加入葱、姜、酒、盐，腌半小时，将腌好的鸽块放在盆中，将金针菇、木耳、香菇放在沸水的蒸笼中，约蒸12～15分钟，取出淋上一些麻油，即可食用。

七、三煲乳鸽

材料：乳鸽2只，葱，姜，糖，酒，麻油，酱油，盐。

加工方法：将乳鸽切成块状，连同辅料一起放于小锅中(不放水)，用慢火将锅中的汤煲干即可食用。

八、红烧乳鸽

材料：乳鸽2只，葱，姜，酱油，八角，茴香，麻油，盐少许。

加工方法：将乳鸽切块，入锅中加入姜片、葱段、辣椒、酱油、盐、水及八角、茴香，烧至八成烂即可食用，食前淋上麻油，味更香。

九、五味乳鸽

材料：乳鸽 2 只，葱，姜，酒，马铃薯，洋葱，番茄，咖喱粉，味精及生粉。

加工方法：乳鸽清洗干净，去头脚及内脏，切块后放锅内煮沸两分钟，捞出，放在缸中然后放葱、姜、酒，用大火蒸至肉烂取出。马铃薯煮熟捣烂成泥备用。

将蒸煮熟的鸽块，放入盛有洋葱、咖喱粉、马铃薯泥及油的锅中，炒四五次，浇上番茄酱即可。

十、柠檬乳鸽

材料：乳鸽 2 只，柠檬 1 个，酱油，酒，砂糖，色拉油，麻油。

加工方法：乳鸽去毛，洗净去内脏，酱油腌制 15 分钟，将色拉油倒入锅中，鸽子放入，煎至金黄色。加入酒、汤、糖、麻油、柠檬汁及酱油，慢火烧 15 分钟，将鸽放入盘中，把柠檬汁浇在鸽肉上，锅中汁液浇在鸽上，别有风味。

十一、枸杞蒸鸽

材料：乳鸽 1 只，枸杞 20 克，姜，酒，盐。

加工方法：乳鸽闷杀后，用沸水烫去毛，除内脏，洗净。蒸盅内放枸杞、姜、黄酒及鸽子，水加至浸没鸽为度。蒸锅中放水，将蒸盅放入，隔水蒸 90 分钟待鸽肉松软即可熄火，待稍冷，可取出食用。

十二、炸鸽肉球

材料：蒸熟的成鸽 4 只，奶油，酱油，芹菜，味精。

加工方法：将蒸熟的鸽子去皮去骨，制成肉馅，加入奶油、酱油、味精、芹菜末，拌匀搓成肉圆，放进油锅中炸至金黄色，即可上食。

十三、青椒炒鸽丝

材料：鸽胸肉 2 块（重 250 克），蛋白，淀粉，盐，麻油，洋葱，青椒，火腿，花生油，盐。

加工方法：鸽肉切丝拌入蛋白及生粉，锅中放 100 克花生油，烧至八成熟放入鸽丝，炸至色变白立即取出，沥去多余的油。

锅中留三大匙油，将洋葱、青椒及火腿均切成丝，快炒数下，加入盐少许。立即熄火，将炒好的鸽丝加入拌匀，装盆即可食用。

十四、滑嫩鸽肉

材料：鸽胸肉 1 块，小黄瓜，胡萝卜，笋，葱，花生油，鸡蛋白，生粉，盐，酒等。

加工方法：鸽胸肉切薄片，放蛋白、淀粉、酒及盐拌匀腌 20 分钟。

将胡萝卜、笋煮熟切片，黄瓜切片，锅中放 250 克花生油，将鸽肉片下锅中火炒熟捞起，锅中留油三大匙，葱入锅炒香，加入胡萝卜，小黄瓜，笋，鸽肉片，加少许盐，用淀粉勾芡，即可起锅，趁热吃。

十五、当归乳鸽

材料：乳鸽 2 只，当归 1 钱，酒，姜，盐及麻油。

加工方法：当归放入碗内，注入开水，使香气溢出。将乳鸽及当归放入蒸碗内，加入酒、姜、麻油，注入水浸没鸽肉，入蒸锅蒸，大火 1 小时后，小火蒸半小时。

十六、鹿茸鸽汤

材料：鸽1只，鹿茸八分，水六碗（1000克）。

加工方法：肉鸽加水1000克，以文火煮至水成半量，鹿茸开水冲泡后，混入鸽肉中炖熟食用。

十七、人参蒸鸽

材料：肉鸽1只，人参10克，天门冬15克，鹌鹑蛋6只，老酒半碗。

加工方法：将肉鸽、鹌鹑蛋、人参、天门冬及酒混合后加入适量的水炖熟食用。

十八、冬虫夏草炖鸽

材料：肉鸽1只，瘦猪肉100克，葱白3支，生姜50克，水1000克，冬虫夏草3束，火腿3片，老酒半碗，盐少许。

加工方法：将以上配料混合炖食。

十九、枸杞鸽

材料：鸽1只，猪腰子2只，淀粉50克，姜2片，枸杞子25克，红枣12粒，黑枣8粒，老酒250克，盐少许。

加工方法：将以上材料混合炖食。

二十、淮杞炖鸽

材料：淮山药、枸杞各15克，乳鸽或成鸽1只，姜，酒，盐。

加工方法：鸽放在锅内煮沸，取出加入淮山药、枸杞子、姜、酒及水。

盖好放入蒸笼中蒸1.5小时，再加入盐少许。

二十一、炖蚌鸽

材料：肉鸽1只，蚌250克，肉糜200克，生粉，酱油，葱末，姜，胡椒粉，竹笋200克，盐，黄酒。

加工方法：河蚌外表洗净放在碗内清蒸，汤汁留用，蒸好的蚌用冷水冲洗干净，除泥沙，壳留用。蚌肉剁碎与肉末混合，混合好的肉料再放入蚌壳内，两片合拢，取一大汤碗将整个鸽放入，加入煮过的笋块，四周排一圈镶肉蚌壳，加入汤汁、盐、酒、水，然后入锅中加盖炖煮1小时，即可食用。

二十二、油酥鸽

材料：肉鸽1只，黄酒，盐，胡椒粉，葱，姜，蒜，蛋，生粉，花生油，番茄。

加工方法：鸽洗净，沥干水分，用黄酒涂抹全身内外，将鸽肉切成长方块，用盐、胡椒粉、葱、姜、蒜等碎屑充分混合，停半个小时。蛋打散拌入鸽块，再外涂生粉。锅中放花生油1000克，烧热铁锅，将鸽块全部投入，文火炸至金黄色，沥去余油，装盘加番茄片，蘸胡椒粉、盐，趁热食用。

二十三、粉蒸鸽

材料：肉鸽1只，五花肉200克，酒，蒜头，盐，酱油，胡椒粉，麻油，蒸肉粉，芋头，肥肉50克。

加工方法：鸽肉切成长形块状，五花肉切成与鸽肉大小相同，加酒拌和，再加入盐、酱油、胡椒粉、麻油，腌渍10分钟，拌入蒸肉粉（米粉），在蒸碗底部涂油，鸽肉皮部向下，排在碗中，五花肉排在鸽肉上面。最后加芋头，入蒸笼中，大火蒸1小时，取出用盆扣出。

二十四、五香油鸽

材料：肥鸽1只（重500克），葱，姜，酒，茴香，花椒，桂皮，陈皮，甘草，盐，酱油，糖，花生油1000克。

加工方法：鸽除内脏，洗净，沥干，将香料、盐、酱油、葱、姜等涂抹鸽体，腌渍2小时，并随时翻动。腌好的鸽，放入深锅中，加入1000克花生油，以盖过鸽体为度，锅不要加盖，加热，至油煮沸5分钟，熄火，停5分钟，将鸽取出，稍凉再入油锅中煮沸3分钟，立即取出，装盘食用。

二十五、糯米扣鸽

材料：肥鸽1只（重500克），糯米100克浸4小时，五花肉150克切丁，香菇2只泡发切丁，虾米25克浸水剁碎，笋丁煮熟切丁，盐，酱油，麻油，胡椒粉，葱，姜，酒。

加工方法：肉鸽洗净，沥干，用酒涂全身，用调味品腌渍2小时，将鸽背向下，腹部分开，摊平，放在大碗中，将糯米、五花肉、香菇、虾米、笋丁及酱油混合，铺在鸽肉上，放入蒸笼中大火蒸1小时。用盘将鸽扣出即可食。糯米中不必加盐，用腌汁加入咸度即可。

二十六、酱鸽

材料：鸽2只，酱油250克，葱，姜，糖，酒，麻油。

加工方法：鸽去内脏，洗净，用热水洗去腥味，鸽肉内加入葱、姜、糖、酱油、酒。入锅煮40分钟，随时翻动，捞起切块装盘，淋上麻油即可食用。

二十七、卤水乳鸽

材料：肥鸽2只（重约750克），白醋、蒜茸、红椒粒、糖各适量，玫瑰露酒100克左右。

加工方法：

1. 用老鸡、汤骨、桂圆煲浓汤。

2. 将煲好的汤倒入桶内，加少许生抽、老抽、冰糖、红糖，滴入少许鱼露，使汤变为淡咖啡色，加盐，略微咸一点，

放入香料（南姜、八角、桂皮、丁香、陈皮、川椒、芫荽子、小茴香、草果、甘草、沙姜片）。

3. 将汤烧开，倒入香油即可。

4. 将肉鸽切去脚爪，洗净。待卤桶里的卤水烧滚后，将鸽子放入卤水中，倒入玫瑰露酒，盖上卤桶盖，用中火煮10分钟后，把鸽子取出，在其腿部用钢针插几下（使鸽子易熟）。然后，再放入卤桶中烧7分钟左右即成。

5. 白醋、蒜茸、红椒粒、糖拌匀，作为调料蘸食。

二十八、醉乳鸽

材料：肥鸽2只（约900克），姜4片，拍扁草果1个，清鸡汤1罐，麻油少许。

醉鸽料：盐1汤匙，糖2茶匙，绍酒1/2杯，玫瑰露酒2～3汤匙。

加工方法：

1. 乳鸽洗净内外，剪去脚及翼尖，戳破眼，放入沸水中汆水，洗净。

2. 用深锅烧滚鸡汤和五杯清水，加入姜片、草果及鸽，加盖，以慢火煮20分钟，以竹签插入鸽胸最厚部分，如无血水流出便熟，否则再煮2分钟。

3. 置乳鸽于筲箕内，立即以冷水不断冲入鸽腔，至鸽身变凉为止。

4. 把煮鸽汤经密眼小筲箕滤入一大碗内，弃去姜片及草果，洗净深锅，倒回鸽汤加盖、加热，再放入双鸽盖好，以慢火多热2分钟至汤烧开，加入醉鸽料，盖好，离火搁置待凉，放入冰箱内冷藏过夜，其间反转双鸽两次。

5. 食前，以少许麻油涂匀鸽面，斩件供冷食。

注意：醉鸽料如不经炉火煮沸，其中绍酒和玫瑰露酒的浓郁香味，可保留较长时间。如不喜欢浓郁的酒味，可在加热乳鸽时，同时加入醉鸽料，让部分酒精在加热时挥发。

参 考 文 献

[1] 沈建忠等．实用肉鸽大全．北京：中国农业出版社，1997.
[2] 实用养鸽大全编写组．实用养鸽大全．上海：上海科学技术文献出版社，1990.
[3] 张一帆，秦军等．特种禽类养殖技术．北京：中国农业出版社，1999.
[4] 葛明玉等．肉鸽养殖与疾病防治．北京：中国农业出版社，2000.
[5] 李彦明．肉鸽的优良品种和饲养管理．畜禽业，2003，(06)：34.
[6] 祝彦春．乳鸽人工孵育技术．湖北畜牧兽医，2009，(01)：31.
[7] 许国华．乳鸽人工孵化技术要点．上海畜牧兽医通讯，2009，(02)：97.
[8] 付钧钧．肉鸽的饲养管理．特种经济动植物，2009，(05)：14.
[9] 韩杰等．北方冬季肉鸽防低温饲养要点．养禽与禽病防治，2009，(04)：38.
[10] 赵东辉．肉鸽副伤寒的诊治．畜牧兽医科技信息，2009，(04)：111.
[11] 梁正翠等．提高肉鸽繁殖力的措施．养禽与禽病防治，2008，(10)：30.
[12] 寇素珍等．肉鸽及其开发前景．辽宁畜牧兽医，1994，(04)：34.
[13] 卢兴民．我省发展肉鸽的前景．陕西农业科学，1994，(06)：36.
[14] 娄玉．肉鸽饲养管理技术．动物科学与动物医学，2000，(01)：48.
[15] 董美英等．肉鸽的饲养管理技术．畜牧兽医科技信息，2004，(05)：55.
[16] 郭维亚．肉鸽养殖技术．现代农业科技，2009，(05)：229.
[17] 贺军．提高肉鸽繁殖力的综合技术措施．畜禽业，2000，(02)：64.
[18] 陈益填．养鸽场肉鸽育种的选种选配技术．畜禽业，2001，(05)：28.
[19] 李存志等．肉鸽的常用饲料．养殖技术顾问，2008，(12)：48.
[20] 孙继和．当前国内部分地区的肉鸽生产．养殖与饲料，2002，(06)：31.